日本大眾食堂讓人無法忘懷的招牌料理

みんなの大衆めし

深夜食堂裡的美味就從這裡來！

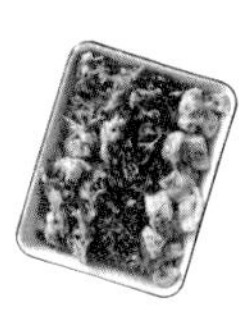

料理研究家／**瀨尾幸子**　知名美食專欄作家／**遠藤哲夫**　譯者／**邱香凝**

目錄

CONTENTS

PART 1

大眾食堂裡的美味，重現餐桌

PART 2

商店街裡的「便菜店」——是小菜、沙拉，也是便當菜

CONTENTS

CONTENTS

PART 3

大人版超省錢的節約美食

CONTENTS

【推薦序】

一入口，就能滿足身心的大眾食堂招牌菜

文／劉黎兒（日本文化觀察家）

日本料理——和食，因被選為世界文化而大紅大紫。對於許多外國人而言，或許在白木裝潢的和風星級料亭、料理店，所吃的大套全餐才是美味的日本料理。

但對於像作者、和我這樣住在日本三十年以上的人來說，**最美味的日本料理——是每天吃也吃不厭、能不顧荷包盡情享受的大眾食堂飯菜，以及許多傳統商店街擺售的便菜**。

這些大眾菜餚，是庶民老闆為了跟自己差不多的庶民所做，不管是飯菜或菜飯，都是讓人連醬汁都可以配飯，質量俱佳。不像高級料理店端出來的東西，少的可憐。書中的菜餚則是讓人看到、想到，就會流口水，然後就能起身前往享用，非常有親近感，不像高級懷石料理般可望而不可及。

大眾食堂裡端出來的菜、飯，一入口身心都能獲得滿足！煮的人或是吃的人，都不會去思考卡路里或碳水化合物多寡等瑣碎問題。這裡的菜餚就是自己活力的來源，鎮日的辛苦就要吃到這樣夠力的食物，才能獲得報償。食堂的主人，也因為客人默默埋頭享用而獲得成就感。他們做飯菜，是為了客人也為了自己，**相互透過維持生命與能源的菜餚，癒療對方**。

食堂或是便菜店的主人，做出各種色香味俱

全的菜，其中有自己的執著與創意；他們喜歡做菜，讓客人可以今天選了這樣，明天還想選另外一樣。而且在價格上不必多所顧慮，幾乎想吃就吃的起。好的店主就是把當季、當地新鮮而廉價的食材，變出非常經典的菜餚，甚至天天吃也不膩，而且邊吃邊稱讚：「好好吃～」或「這就是我想吃的！」當然，在大眾食堂不必裝模作樣，邊吃邊讚許而噴出菜屑飯粒也沒關係。

剛到日本時，不論是大眾食堂或是普通人家的餐桌，都讓我大吃一驚。因為餐點十分的國際化，如同萬國餐點般，有中國菜的回鍋肉、青椒炒肉絲、滷肉，或是西餐的牛排、漢堡、義大利麵等。正如書中蒐集的庶民菜色，有不少是源自國外，雖然多少已日本化，但仍保留多元的飲食文化。沒有不必要的成規，也不會為了追求過剩的細膩而浪費，幾乎運用食材的所有部位，反而具有濃厚原味。因此，像現在許多京都的星級料理店，反而前往考察保留更多食材原味的大眾食堂、或地方小店的做法，不再過度去蕪存菁。

書中還有探訪各地的大眾食堂或便菜店的指南，那種心情也跟我旅行時的做法一樣——到外地就要吃地方特產，尤其要吃當地人在吃的飯菜；與當地人對話，看當地人的日常生活。

因此，旅行時我總愛去當地傳統市場、商店街、大眾食堂閒逛，而不上那些連鎖化的名餐廳或星級餐廳，因為那裡提供的是差不多的制式精緻料理與服務，看到的也都是跟自己一樣的觀光客，喪失嚐到本格的鄉土菜色或跟當地人共處、交談的機會。

更令人開心的是，書中除了解說這些美味庶民菜餚的起源、文化背景外，還附有詳細簡明的食譜，任何人都可以在家自己做，大部分的食材在華人世界隨處都有，也很容易找到代用食材。

一書數用，很有庶民本色，超值感無限！

攝於大眾食堂・天將（詳情請參見第63頁起）。

【自序】果然，還是大眾美食最好了！

文／遠藤哲夫

真不錯呢，大眾美食。請容許我不是用「家庭料理」，而是用親民的「大眾美食」來稱呼。

這是為努力工作的人，而存在的食物。

無論今天流淚還是歡笑，飯都是要吃的。為大家帶來滿滿「活力」，值得信賴的大眾美食——美味、溫暖、令人放鬆、恢復元氣、百吃不膩……這樣看起來，好處還真多啊。不過，事實就是如此。也因為這樣，才教人喜愛。

書中介紹的七十七道料理，就是這樣富有生活精神的「瀨尾食譜」。同時，我們探訪了許多深受喜愛的大眾食堂、研究店裡料理，以及商店街裡販賣的日常小菜。

本書從頭到尾都在探討大眾美食，帶讀者重新發現平民美食的魅力。果然，**還是大眾美食最好了！**

【自序】三餐，一天中的逗點與句點

文／瀨尾幸子

回到家，吃過飯後，肩膀不再緊繃，感覺身心都放鬆了。

因為，**三餐是一天中的逗點與句點**。享受令人安心的自家味道，就能湧現「繼續努力」的心情。視當天的心情及身體狀況，親手為自己和家人做出的飯菜，是對身體最溫和的食物。

享用美食的定義是什麼呢？

我想，是**穿著合身舒適的衣服，邊看電視、邊吃的家常菜餚**，或許這才是最棒的美食！

照燒雞肉（食譜可參見第37頁）。

本書使用說明

新手也能變高手的小祕訣

- 一大匙＝十五毫升，一小匙＝五毫升；一杯＝二〇〇毫升，一合＝一八〇毫升。
- 食譜中微波爐的加熱時間，以五〇〇W為基準。若使用六〇〇W微波爐，請用〇・八倍的時間加熱。
- 微波爐或烤魚用的烤爐，需配合品牌機種或使用次數，調整不同的加熱時間。一開始請先以較短的時間嘗試，觀察情形後再繼續使用。

材料中的「湯頭」，一律使用「柴魚昆布湯頭」。可參照下方「柴魚昆布湯頭」的步驟，自行製作美味湯頭使用。也可使用市售高湯顆粒或日式湯頭粉。

如何製作「柴魚昆布湯頭」？

將一片湯頭用昆布（切成三公分、四方形）和三杯水一起放入鍋中，放置十五分鐘後以中火加熱，在沸騰前取出昆布。熄火後，加入七克的柴魚片。等柴魚片完全沉入鍋底後，再用篩子過濾。

如何將竹莢魚剖成三片？

學會將竹莢魚剖成三片後，不只可應用在竹莢魚上，像秋刀魚或鯖魚等各種魚類都可加以使用。如果自己不會剖魚，也可拜託魚店幫忙，相信對方一定樂意提供服務的。

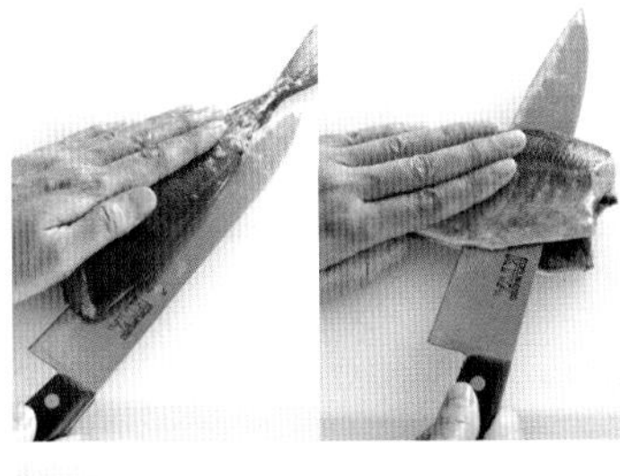

（上）對初學者而言，直接從魚背骨下刀剖開是很難的。可以先用菜刀在魚背上劃開切口，再沿著切口下刀，就能乾淨地取下魚骨，將魚剖開。
（下）剩下半邊也用同樣的方式，先劃下切口，再沿著切口剖開。

圖為剖成三片的狀態。用削的方式切下魚腹側的腹骨。

大眾食堂裡的美味，重現餐桌。

不使用特殊食材、將大家熟悉的菜色以一貫的口味，
呈現在消費者面前——
這就是大街小巷中的大眾食堂。
和媽媽親手做的菜，
或是與家人圍著飯桌吃的菜又有那麼一點不同，
可是……不知為何，這滋味就是令人安心。
現在，我們也可以在家裡簡單重現這樸實無華的美味。

配飯很好，配啤酒也很優——

生薑煎豬肉定食

涼拌爽口四季豆
（作法見 P.18）

考慮到身體健康，分別加入一道蔬菜和豆腐料理。

涼拌豆腐

這是附贈的唷！

豌豆香醇味噌湯
（作法見 P.19）

小魚乾熬的湯甘甜好喝～。

醬汁可以沾肉吃，
也可以淋上去。

生薑煎豬肉
配荷包蛋
（作法見 P.16）

醃蘿蔔

金黃色的壞
東西。

白飯是一
定要的！

白飯

生薑煎豬肉配荷包蛋

■材料（2人份）

豬肉（里肌或肩胛里肌）……8片（250克）
切絲用高麗菜……4片
蛋……2顆
小熱狗……4條
沙拉油……適量
美乃滋……1大匙

■醬汁

生薑泥……2小匙
醬油……½大匙
酒……2大匙
水……2大匙
太白粉……1小撮

■作法

❶混合醬汁材料並攪拌均勻；小熱狗表面切出斜線開口備用。

❷中火加熱平底鍋，倒入沙拉油兩小匙，將肉片攤開下鍋。煎出顏色後翻面，直到兩面都煎成金黃色。

❸轉大火，加入醬汁材料煮開，一邊煎、一邊用肉片沾取醬汁。等醬汁呈現黏稠狀後，即可熄火。

❹在盤裡鋪些高麗菜絲，放上豬肉片，淋上平底鍋裡剩下的醬汁後，擠上美乃滋。

❺洗淨的平底鍋、中火加熱，倒入一點沙拉油，打蛋入鍋。不必蓋上鍋蓋，將蛋煎成自己喜歡的熟度即可。同時可在平底鍋空位炒小熱狗。最後，一起盛盤。

在醬汁裡加入一點太白粉，增添醬汁的黏稠度，可方便肉片沾取更多醬汁、更入味。最棒的是，還能淋在高麗菜絲和白飯上，包覆著清爽的菜絲及Q彈飯粒一同入口。

美味的祕訣
就在於煮出醬汁的
黏稠度！

涼拌爽口四季豆

■材料（2人份）

四季豆……16根
柴魚片……½小包
鹽……少許
醬油……2小匙

■作法

❶ 四季豆洗淨、切除兩端蒂頭，切成三公分小段，用加鹽熱水快速汆燙至熟。

❷ 撈起後，用篩子濾乾水分。再用醬油拌過之後裝入容器，撒上柴魚片即可。

大眾食堂的文化課

英勇的生薑煎豬肉

說到「豬肉定食」，過去大眾食堂曾有過以外來語（日文以片假名標示）命名，像是香煎豬排（ポークソテー，Pork Saute）、或生薑豬排（ポークジンジャー，Pork Ginger）。但現在放眼望去，幾乎都以漢字、平假名的生薑煎豬肉（豚肉のしょうが焼き）為主流。在這什麼都流行用外來語稱呼的時代，實在很有意思。不過，有些地方會稱這道菜為「精力燒肉」（スタミナ焼き）呢。

生薑煎豬肉兼具和風、西洋與中華風味，卻又不專屬其中一派。或許，這種自在悠遊於不同領域的姿態，正是平民美食的英姿。

豌豆香醇味噌湯

■材料（2～3人份）

豌豆莢……16個
油豆腐……½塊
洋蔥……¼顆
小魚乾……6隻
高湯用昆布（三公分、四方形）……1片
水……3杯
味噌……2大匙

■作法

❶ 所有食材洗淨；豌豆莢去蒂、剝除老絲；油豆腐切成片狀；洋蔥切成約一公分寬度小段；用手去除小魚乾的頭部及內臟（魚腹部分）；昆布用料理剪刀剪成〇・五公分的細條。

❷ 在鍋中放入小魚乾、昆布和水，以小火加熱，煮開後再繼續煮約三分鐘。加入其他食材轉中火，煮兩分鐘直到洋蔥變軟。

❸ 溶入味噌、加熱後即可熄火。

和食之王道——
味噌煮鯖魚定食

味噌煮鯖魚
（作法見 P.22）

煮得鬆軟，
入口即化～～

●蔥段豬肉湯
（作法見 P.27）

在湯裡
發現肉！

●白飯

淋上盤中剩下的醬汁，
又能再來一碗！

啊，茶柱～♪

色彩繽紛，吸睛、
又有營養價值。

芝麻醬涼拌
小松菜與紅蘿蔔
（作法見 P.26）

最佳配角！

糠漬蔬菜

鹽味煎蛋捲
（作法見 P.24）

蔥好
美味啊～！

定食・味噌煮鯖魚

味噌煮鯖魚

■材料（2人份）

剖開的鯖魚……半片
薄薑片……1片
薑絲……少許

■醬汁

味噌……3大匙
砂糖……1又½大匙
酒……½杯
水……½杯

■作法

❶在半片的鯖魚魚皮上交叉劃下兩刀，較易煮熟。
❷混合醬汁材料備用。
❸將鯖魚塊放入鍋中，魚皮朝上（若煮多人份時，魚塊盡量不要重疊）。在最上層鋪上薄薑片，加入醬汁後以中火加熱。
❹煮開後轉小火，以湯杓一邊攪拌醬汁、一邊熬煮約十分鐘，直到醬汁呈現濃稠狀。若過程中水分不足，可加入少許的水。
❺撈起魚塊放入盤中，淋上大量醬汁、放上薑絲即可。

將鯖魚和醬汁一起放入鍋中後，再開火。當醬汁中的酒精成分揮發時，能同時蓋掉魚腥味，煮好的料理就不覺得腥了。

最後收汁時，
攪拌醬汁淋在鯖魚上。

鹽味煎蛋捲

■材料（2人份）

蛋……3顆
長蔥……10公分
鹽……⅕小匙
沙拉油……適量

■作法

❶在大碗中打蛋，加鹽混合；長蔥切末備用。
❷取一煎鍋，用中火加熱，放入沙拉油兩小匙、炒蔥末，再將炒到變軟的長蔥加入蛋液中。
❸在煎鍋中倒入一層薄薄沙拉油，加入約四分之一蛋液，慢慢攪拌混合。蛋呈半熟狀態後，集中到外側鍋緣，用廚房紙巾在鍋中空出的地方，再塗上薄薄一層沙拉油，倒入和第一次相同份量的蛋液，使其集中流入鍋緣的半熟蛋下方。
❹等到新加入的蛋也呈半熟後，將集中在鍋緣的蛋作為中心軸，把蛋皮往自己的方向捲，將所有的蛋集中在內側鍋緣。最後，使用相同方式煎完剩下的蛋液。
❺取出煎蛋稍微放涼後，切成容易食用的大小即可。

大眾食堂的文化課

歌頌低調的鯖魚與味噌

不知道大家有沒有看過《鯖魚文化誌》（田村勇著，雄山閣出版）。其實，鯖魚對日本人的生活有著偉大貢獻。無論各位了不了解，老實說，我們對鯖魚實在不夠尊敬呢。能把腥味這麼重的魚，料理成具有「媽媽味道」的美味佳餚，就可得知。

什麼，不需要講這種大道理？不管是味噌煮鯖魚、還是醬油煮鯖魚，只要將滷煮的醬汁淋在白飯上就夠美味了。

訣竅就是——
將蔥炒香後
再加入蛋中！

食材汆燙後，
先用水冷卻，
可提升美味度。

芝麻醬涼拌小松菜與紅蘿蔔

■作法

❶所有食材洗淨；小松菜削掉根部，切成約四公分長段；紅蘿蔔去皮、切成短條備用。

❷在鍋中加水煮滾後加鹽，放入小松菜與紅蘿蔔，水煮約一分三十秒，至紅蘿蔔變軟為止，用篩子撈起瀝乾。

❸用冷水直接淋在篩子上的小松菜與紅蘿蔔，冷卻後擠乾水分。

❹混合涼拌醬汁材料，再加入小松菜與紅蘿蔔拌勻即可。

■材料（2人份）

小松菜……½把（120克）

紅蘿蔔……4公分（50克）

鹽……少許

■涼拌醬汁

白芝麻粉……3大匙

砂糖……2小匙

醬油……2小匙

也可加入
青紫蘇末
增添香氣！

蔥段豬肉湯

■材料（2～3人份）

長蔥……1支
豬肉絲……50克
高湯……3杯
味噌……3大匙

■作法

1. 長蔥斜切成段；豬肉如果較大塊，先切成一口大小備用。
2. 在鍋中放入高湯與長蔥，以中火加熱，煮開後放入豬肉，再煮約兩分鐘。
3. 融入味噌，再稍微加熱後即可熄火。

料理法・燉炒

韭菜炒牛肝

材料（2人份）

牛肝……200克
豆芽菜……1包
韭菜……1把
紅蘿蔔……¼條（30克）
紅辣椒末……1條量
蒜頭……1瓣
鹽、胡椒……各少許
麵粉……2大匙
沙拉油……2大匙

特調醬料

醬油……1大匙
蠔油……2小匙
味噌……1又½小匙

作法

1. 所有食材洗淨；牛肝切成一口大小的薄片，放入大碗中，撒上鹽巴、胡椒。加入現磨的蒜泥並均勻撒上麵粉。
2. 切掉韭菜根部較硬的部位後，切段；紅蘿蔔去皮、切成薄短條狀備用。
3. 用中火加熱平底鍋，倒入沙拉油一大匙，拌炒紅蘿蔔。等紅蘿蔔變軟，再加入豆芽菜、韭菜和辣椒末。炒到全部食材變軟後取出。
4. 重新在平底鍋中加入沙拉油一大匙，放入牛肝大火炒熟。等雙面都炒得金黃酥焦，就可加入特調醬料煮開。最後，將步驟 3 炒好的蔬菜食材倒入，拌炒均勻即可。

直接在牛肝上磨蒜泥。

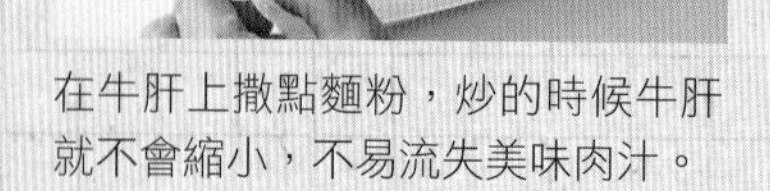

在牛肝上撒點麵粉，炒的時候牛肝就不會縮小，不易流失美味肉汁。

起鍋前加了味噌，
香醇度大增。
白飯一碗接一碗……！

大眾食堂的文化課

精力熱炒——韭菜炒牛肝

說到韭菜炒牛肝，總給人促進精力的印象，而且是那種帶有粗獷感的活力。有些店家甚至把這道菜稱為「精力熱炒」。

一走進賣中華料理的大眾食堂，看到穿深藍色OL套裝的嬌小女孩、捧著碗公大啖韭菜炒牛肝的模樣。喔～～無關男女，那莫名強悍的模樣，令人從中感受一股為生存而工作的精力。不禁讓人大受感動，心想：「好，我也要好好加油！」這就是韭菜炒牛肝特有的「精力」效果吧！

鰤魚燉白蘿蔔

■材料（2～3人份）

鰤魚的魚雜（譯按：剖完魚後，魚頭、魚鰓、魚鰭邊上剩餘的魚碎肉）……300克
白蘿蔔……½條（600克）
米……1大匙
薄薑片……4片
醬油……3大匙
味醂……3大匙
薑絲……適量

■作法

❶白蘿蔔洗淨去皮後，切不規則塊狀。在鍋中裝滿水煮沸後，放入魚雜快速汆燙、撈起，再過冷水以去除鱗片與汙血。

❷在另一個鍋中放入米（編按：米可中和白蘿蔔的辛辣和苦味，吃起來更香甜）、足量的水和白蘿蔔，用大火加熱。煮沸之後，調至保持冒泡沸騰的適中火力，繼續煮約二十分鐘，直到白蘿蔔變軟、撈起，再用冷水沖洗。

❸把步驟❶、❷食材，與醬油、薄薑片放入鍋中，加入剛好蓋過食材的水，再加入味醂，用中火加熱。待煮沸即撈掉渣滓，轉中火續煮，過程中翻鍋一次，熬煮醬汁到從鍋底算起約兩公分高處熄火。盛入容器，放上薑絲即可。

料理重點在先將茄子水煮，之後即使用少量的油，也能做出柔軟口感。

豬肉味噌炒茄子

■材料（2人份）
豬肉薄片（里肌或五花皆可）……150克
茄子……4～5條
麻油……2大匙
鹽……少許
七味辣椒粉……適量
（可依喜好加或不加）

■特調醬料
味噌……3大匙
酒……2大匙
砂糖……1又½大匙

■作法
❶ 豬肉切成一口大小備用。茄子洗淨去蒂、縱切成四等分再各自對半切。在加鹽的熱水中汆燙約三分鐘撈起、過篩瀝乾水分。
❷ 以中火加熱平底鍋，倒入麻油、豬肉。炒到豬肉顏色改變後，再加入茄子與特調醬料拌炒，直到收乾多餘水分為止。
❸ 盛入容器，隨個人喜好撒上七味辣椒粉即可。

醬燉金目鯛

■ **材料**（2人份）

金目鯛魚塊……2～3塊
薄薑片……2片
酒……½杯
醬油……2大匙
砂糖……1大匙多

■ **裝飾配菜**

鹽味燙青菜……適量

■ **作法**

❶ 在金目鯛魚皮上，用菜刀劃幾刀備用。

❷ 鍋中放入金目鯛、薑片、酒、醬油與砂糖，以中火加熱。煮沸後，一邊舀起醬汁淋在金目鯛上，一邊續煮約六分鐘。若用的是帶骨的金目鯛魚塊，則約煮七到八分鐘。

❸ 最後，連同醬汁一起盛入盤中，加上燙青菜即可。

大眾食堂的文化課

金目鯛，令人興奮的特別菜色

只要一到吃飯時間，我通常都很興奮。不過，有些特別的菜色，就是容易讓人湧出「興奮感」。比方說金目鯛，光是吃「鯛魚」這件事，就比其他食物令人期待，更別說那刺激食慾的鮮豔紅色了。

一般來說，鯛魚比起普通的魚類就是比較貴，也因此，買的時候愈是猶豫，吃的時候愈是激動。將飽含金目鯛美味的醬汁淋在白飯時，興奮之情達到最高潮，讓人忍不住想仰天長嘯吔！

在魚皮上劃幾刀，是一種「裝飾刀工」。如此一來，除了加速魚肉入味，裝盤時也很美觀。

舀起醬汁淋在魚塊上，能讓味道滲透食材的每個角落。

即使醬汁不多，
只要煮的時候，
頻繁地舀起來淋在魚身上，
就不會失敗了。

料理法・燉炒

料理法・烤物

蒜味牛排

■材料（2人份）

牛排……2片
香菇……4朵
豆苗……1盒
蒜頭薄片……4瓣量
沙拉油……3大匙
酒……2大匙
醬油……1小匙
奶油……1小匙
（可依喜好加或不加）
鹽、胡椒……各適量

■作法

❶牛肉從冰箱冷藏櫃取出後，在室溫下放置約十五分鐘，烤前撒上少許鹽、胡椒。所有食材洗淨；香菇去蒂、豆苗切除根部備用。

❷在平底鍋中放入蒜片與沙拉油，小火加熱，等蒜片煎成金黃色後取出。轉中火，加入香菇和豆苗，炒到食材變軟為止，輕輕撒些鹽與胡椒後取出。

❸不用清洗平底鍋，直接以中火加熱，放入牛肉炙烤。烤至焦酥後翻面，兩面都要烤過。（以一・五公分厚度的牛排來說，每一面烤約一分三十秒。）

❹轉大火，淋上酒，加入醬油、奶油（隨個人喜好），奶油融化後即可熄火。將牛排切成適中的大小，與香菇、豆苗裝盤，淋上平底鍋中剩下的醬汁，擺上蒜片即可。

大眾食堂的文化課

以醬油調味的大眾食堂牛排

現代人往往只談論印度餐廳或法國餐廳裡的咖哩，而遺忘了大眾食堂裡的咖哩飯。同樣地，也忘了過去大眾食堂對牛排普及的貢獻。而在大眾食堂裡吃到的牛排，醬汁多以醬油調味。

我認為醬油與味噌應該受到更廣泛的運用，比方說用味噌醃漬牛肉和豬肉，或先用味噌塗抹秋刀魚及鯖魚後再烤……，都是美味的烹調方式。

牛排與搭配的蔬菜，
都用帶有大蒜香氣的沙拉油
煎烤得香氣四溢。

這道料理雖看似普通，
但其實並不多見。
可讓我們從一成不變的鹽烤中畢業～！

味噌烤秋刀魚

■材料（2人份）

秋刀魚……2隻
味噌……2大匙
水……1小匙
白蘿蔔泥、酢橘、醬油……各適量
七味辣椒粉……適量（可依喜好加或不加）

■作法

❶在秋刀魚皮上用菜刀劃出四、五道刀口。
❷以中火加熱烤魚專用烤盤，放上秋刀魚，烤約七分鐘；翻面再烤五分鐘。
❸用水稀釋味噌，溶散為柔滑狀，於秋刀魚裝盤前塗在朝上的一面，再烤一到兩分鐘，使表面酥脆。
❹取出裝盤，佐以白蘿蔔泥及酢橘。隨個人喜好可撒上七味辣椒粉，或用醬油淋在蘿蔔泥上搭配即可。

照燒雞肉

材料（2人份）

- 雞腿肉……1大片
- 杏鮑菇……2條
- 醬油……1又½大匙
- 青椒……2個
- 沙拉油……少許
- 味醂……1又½大匙

作法

1. 所有食材洗淨；青椒垂直對半切，取出種子，切除蒂頭，再垂直對半切；杏鮑菇切成四等分備用。
2. 在平底鍋中倒入薄薄一層油，將雞腿肉的雞皮朝下放入。以偏弱的中火慢慢煎烤。等雞皮呈金黃色後，翻面續烤。兩面都烤過，再以竹籤刺穿雞肉，看到肉汁流出即可取出。
3. 將青椒與杏鮑菇放入剛才煎雞肉的平底鍋，用中火快炒後取出。
4. 雞肉放回平底鍋，轉大火倒入醬油、味醂煮開，以醬汁充分沾裹雞肉即可盛盤，並放上青椒與杏鮑菇。

精力煎餃

■內餡材料（25個）

白菜……300克
韭菜……1把
豬絞肉……300克
蒜泥……1瓣量
鹽……⅔小匙
味噌……1小匙
麻油……1小匙
胡椒……少許

■其他

餃子皮……25片
沙拉油……適量
醋、醬油、辣油、黃芥末……各適量（隨個人喜好）

■作法

❶ 製作內餡：白菜切碎，加入鹽巴搓揉，待變軟後，輕輕擠乾水分。韭菜切去根部較硬的部分，再切成約〇・五公分的小段。將以上材料放入大碗，並加入其他內餡材料，仔細攪拌混合。

❷ 以清水沾溼餃子皮半圈邊緣，舀一大匙內餡放上餃子皮中央後，對半折起。右手折出皺摺，左手壓緊邊緣封住。

❸ 以中火加熱平底鍋，倒入薄薄一層沙拉油，將包好的餃子並排放入。加入半杯水後蓋上蓋子，半蒸半煎至水分收乾。

❹ 打開蓋子，淋上沙拉油三大匙，繼續煎至餃子皮呈金黃酥脆即可裝盤。

❺ 隨個人喜好以醋、醬油、辣油或黃芥末作為沾醬食用。

大眾食堂的文化課

耐人尋味的精力料理

我總覺得，日本人異常熱愛「精力」。上網檢索關鍵字——精力料理，可以找到許多這類料理。多到看不完，實在了不起。

位於東京鶯谷的大眾食堂——信濃路（編按：傳統料理餐廳）就有一道「精力冷豆腐」。這是一道只提供給熟客、菜單上沒有的料理。將豆腐、山芋、生蛋、泡菜、長蔥、生薑、柴魚片等食材放入碗中，再淋上醬油調味，攪拌到外表有點噁心的狀態就可食用。雖然，看起來不是那麼美觀，但是非常好吃，配白飯吃更讚！

因為包入大量蔬菜，
所以非常健康。
若買不到白菜，
可用高麗菜代替。
料理法・烤物

料理法・炸物

香炸肉餅

■ **肉餅餡**（2人份）

混合絞肉……200克
洋蔥末……½顆量
麵包粉……½杯
蛋……1顆
鹽、胡椒……各少許
牛奶……3大匙

■ **麵衣**

蛋1顆加適量的水……⅔杯
麵粉……⅔杯
鹽……1小撮

■ **其他**

麵包粉……適量
炸油……適量
生菜、豬排醬……各適量

■ **作法**

❶ 將肉餅餡材料放入大碗中，攪拌至有點黏手的狀態。將餡料均分，一份約為一顆蛋的大小，再壓平為橢圓餅狀備用。
❷ 製作麵衣：將蛋打入量杯、再加水直到量杯的三分之二後，加入麵粉與鹽混合均勻。
❸ 壓成橢圓形的肉餅裹滿步驟❷的麵衣，表面再沾滿麵包粉。
❹ 放入加熱至一七〇度的炸油中，炸約三分鐘，表面呈金黃色並浮起即可。將油瀝乾、和生菜一起裝盤，淋上豬排醬。

大眾食堂的文化課

平民美食的「差不多」創造力

在日本關東，炸肉餅稱為「Menchi-katsu」（メンチカツ）；關西則稱為「Minchikatsu」（ミンチカツ）。可是，關東和關西對於炸沙丁魚肉餅名稱卻是一樣的（均稱為いわしのミンチ）。

明明肉餡（ミンチ）和碎魚肉（すり身）有微妙的差異，但人們似乎不會計較這麼多了。還有，手工丸子（つみれ，編按：食用前才將肉團抓成肉丸子狀，放入熱湯中水煮），肉餅（つくね，編按：一開始就揉捏成丸子狀或棒狀，可水煮或燒烤）看起來也很類似？

而且「豆腐漢堡排」聽起來就怪怪的，但做成食物卻毫無疑問地被接受了。食物的作法和名稱之間的關係，看起來好像「差不多、差不多」，這就是平民美食的有趣之處啊！（譯按：日文中的ミンチ、すり身、つみれ、つくね皆為將肉類打成漿狀後，用抓或捏成餅狀或丸狀食物。）

絞肉選擇脂肪較多的，
洋蔥切成比平常大塊的碎末，
這就是美味肉汁的祕訣。

用橘醋醬醃漬後的長蔥、柔軟的口感，
搭配炸得酥脆的豬排一起享用，別有風味。

蔥醬炸豬排

材料（2人份）

豬排用肩里肌……2片
（約1公分厚）
長蔥……1支
（盡量選軟一點的）
麵包粉……適量
鹽、胡椒……各少許
炸油……適量
橘醋醬油……適量
高麗菜絲……適量

麵衣

蛋……1顆
水……50毫升
麵粉……4大匙
鹽……少許

作法

1. 豬肉去筋、用叉子均勻戳刺，撒上鹽、胡椒備用。
2. 混合麵衣材料。豬肉裹上麵衣，表面沾滿麵包粉，放入加熱至一七〇度的炸油中，炸至呈金黃色。
3. 製作橘醋蔥醬：斜切長蔥，盡可能切得愈薄愈好，放入大碗中。加入橘醋醬油，直到蓋過所有蔥絲，加以浸漬，直到長蔥泡軟為止。
4. 將炸好的豬排切成方便食用的大小，和高麗菜絲一起裝盤，佐以橘醋蔥醬即可。

從魚背剖半來炸的炸魚排，在大眾食堂裡非常常見。
不過，在家庭裡製作這道菜時，剖成三片油炸也很簡單哦！

炸竹莢魚

■材料（2人份）

竹莢魚……大的3隻
鹽、胡椒……各少許
麵包粉……適量
炸油……適量
高麗菜絲、黃芥末醬、豬排醬……各適量

■麵衣

蛋1顆加上適量的水……⅔杯
麵粉……⅔杯
鹽……1撮

■作法

1. 刮除竹莢魚尾鰭兩側的粗硬鱗片，剖成三片、取下腹骨（可參照第十頁）。擦乾水分後，撒上鹽與胡椒備用。
2. 製作麵衣：將蛋打入量杯、再加水直到量杯的三分之二後，加入麵粉與鹽混合均勻。
3. 竹莢魚片裹滿麵衣，表面再沾滿麵包粉。
4. 放入加熱至一七〇度的炸油中，炸到表面呈金黃色為止。把油瀝乾，和高麗菜絲一起裝盤，搭配黃芥末醬或豬排醬食用即可。

咖哩醋漬竹莢魚

■材料（2～3人份）

竹莢魚……3隻
洋蔥……½顆
醬油……1大匙
麵粉……適量
炸油……適量

■醋漬醬汁

醋……½杯
水……½杯
砂糖……3大匙
醬油……1大匙
咖哩粉……1又½小匙
紅辣椒末……少許

■作法

❶刮除竹莢魚尾鰭兩側的粗硬鱗片，剖成三片、取下腹骨（可參照第十頁）。將魚肉切成一口大小，背骨也切成方便食用的大小。

❷洋蔥切成薄片，和醋漬醬汁的材料一起放入大碗中混合備用。

❸竹莢魚片先沾少許醬油、裹上麵粉。放入加熱至一六〇度的炸油中，炸至金黃焦酥為止。背骨需炸約五分鐘。

❹將炸好的竹莢魚，放入步驟❷醬汁中醋漬約三十分鐘即可。

大眾食堂高手的美味祕訣

竹莢魚炸得金黃焦酥後，趁熱放入醬汁中醋漬。如此一來，能幫助全部的魚片更快入味。

大眾食堂的文化課

語言vs.料理，不可思議的味覺習慣

在日本，就連「醬油」都經常以平假名（しょうゆ）而非漢字書寫。不過，醋漬料理卻習慣使用日常生活中幾乎不使用的古語——南蠻（譯按：醋漬酸辣料理在日語中稱為「南蠻料理」）。話說回來，只要一提到「南蠻」，人們就能輕易聯想到「啊～～就是那種酸酸辣辣的味道。」可見料理與味覺是由習慣養成的。

談到酸酸辣辣的味道，因近年異國風味料理增加的趨勢，酸味使用的不再是米醋而是柑橘醋；並以魚露取代醬油。不知道大家覺得這樣的「南蠻」如何呢？

堆成小山的洋蔥，異常刺激食慾！
吸收滿滿南蠻醋的竹莢魚，
隔天再吃，別有一番風味～～。
料理法・炸物

主食・飯麵

日式拿坡里義大利麵

材料（加大1人份）

義大利麵……150克
培根……2片
洋蔥……½顆
青椒……2個
洋菇（水煮罐頭）……50克
番茄醬……¼杯
沙拉油……適量
鹽、胡椒……各少許
起士粉、墨西哥辣醬……各適量（隨個人喜好）

作法

1. 在一湯鍋中放入三公升水煮沸，加入鹽近兩大匙（約三十克，不包含於材料內）、義大利麵煮熟。比包裝袋上標示的時間多煮兩分鐘後，撈起瀝乾、淋上少許沙拉油，靜置一小時以上備用。
2. 培根切小塊；洋蔥切成約一公分扇形；青椒垂直對半切，取出種子，切除蒂頭，再切成一公分條狀；洋菇瀝乾水分後切薄片。
3. 以中火加熱平底鍋，加入沙拉油一大匙，放入所有蔬菜和培根，炒到變軟為止。
4. 加入義大利麵續炒，麵條加熱後，加入番茄醬，拌炒讓全部的麵條都沾滿醬汁。試嚐味道，再以鹽與胡椒調味。
5. 裝盤後，可隨個人喜好撒上起士粉或淋上墨西哥辣醬。

大眾食堂的文化課

有趣的料理分類

如果只有拿坡里義大利麵和通心粉沙拉，或許給人一種「義大利料理類」的感覺。這時若再加上一道馬鈴薯沙拉，這三者又可劃分為「配菜類」了。這是因為大眾食堂的炸肉餅或炸魚料理旁，通常會從這三樣中選擇一道做為配菜。

橫濱橋通商店街栃木屋便菜店（請參照第一一六頁）的招牌菜，就是以這三種料理搭配炸肉類。不過，三者之中拿波里義大利麵又可分為「主食類」，是因為麵條比較長嗎？還是和烏龍麵算同類？料理的分類，真是有趣！

只有做這道菜時，
請忘記義大利麵的「彈牙」原則。
比平常花更長的時間煮義大利麵
柔軟的麵條才是這道菜好吃的祕訣。

雖然不是裹上麵衣做成炸蝦天婦羅，
但直接用炸麵衣帶出
天丼（編按：把天婦羅蓋在白飯上的料理）的「感覺」，
可說是「偽裝丼」中的傑作。

偽「滑蛋天丼」

■材料（一人份）

洋蔥……¼顆
蝦子……3隻
蛋……2顆
炸麵衣……3大匙
3倍濃縮型的沾麵醬（めんつゆ，超市可購）……2大匙
水……120毫升
白飯……1碗
豌豆莢……1個（也可省略）

■作法

❶洋蔥切成約〇・五公分的薄片；蝦子去殼、除沙腸後，切成任意大小；將蛋打入碗中打散備用。
❷以中火加熱煮鍋，放進沾麵醬、水、洋蔥，煮到洋蔥變軟。
❸加入蝦子與炸麵衣（編按：可利用第四十頁「香炸肉餅」的麵衣，在約一七〇度的炸油中，過篩油炸至金香色即成炸麵衣），轉大火，均勻淋上蛋汁。蓋上蓋子加熱，蛋汁變成半熟狀即可熄火。
❹將飯盛入碗公中，淋上步驟❸的材料。如果手邊有豌豆莢，可用鹽水汆燙後，切成兩半裝飾用。

八角的香氣刺激嗅覺，
搭配一杯啤酒，就更棒了！
完美呈現來自臺灣大眾食堂的風味。

台式焢肉飯

材料（2人份）

豬五花或豬腿肉……200克
薄蒜片……1瓣蒜頭量
較粗生薑絲……½塊生薑量
八角（中華料理使用的星形香料）……約3克
水……3杯
醬油……2大匙
砂糖……2小匙
白飯……2碗

佐料

長蔥末、生薑絲、榨菜絲……各適量

作法

❶ 豬肉切成兩公分塊狀備用。
❷ 在鍋中放入豬肉、蒜片、粗生薑絲、八角和水，以大火加熱。沸騰後撈掉渣滓，轉小火慢煮一小時。等到豬肉充分軟嫩後，加入醬油與砂糖，繼續收乾到只剩下一點醬汁即可。
❸ 白飯裝入碗公，淋上醬汁、盛上豬肉，搭配佐料一同享用。

咖哩烏龍麵

■ 材料（2人份）

雞腿肉……½片
水……4杯
長蔥……1支
紅蘿蔔……½根
香菇……2朵
紅辣椒切末……少許（可依喜好加或不加）
咖哩粉……1大匙
3倍濃縮型沾麵醬……½杯
鮮奶油……2～3大匙
水煮烏龍麵……2團

■ 芡汁

太白粉……1又½小匙
水……1大匙

■ 作法

❶ 先將雞肉切成一口大小，加水一起放入鍋中，以大火加熱。煮沸後撈去渣滓，轉小火、續煮十五分鐘直到雞肉變軟。

❷ 長蔥斜切成薄片；紅蘿蔔去皮、切半月形薄片；香菇去蒂切薄片。將以上材料加入鍋中，隨個人喜好加入紅辣椒末。

❸ 待鍋中食材都煮軟後，加入咖哩粉、沾麵醬，稍微攪拌過後，加入芡汁（太白粉加水攪勻）增加稠度，再放入鮮奶油。

❹ 最後，放入烏龍麵煮約一分鐘即可。

大眾食堂高手的美味祕訣

雖然為增添香料的香氣，使用了較多的咖哩粉，但可藉由鮮奶油中和出醇厚的口感。

大眾食堂的文化課

吃麵配飯？還是吃飯配麵？

我們的熱量來源就是碳水化合物！雖然，有人說依賴碳水化合物的飲食生活顯得貧窮落後，不過，那又如何？好吃的東西就是好吃啊，一吃精神都來了！哼，有部電影叫做《不要嘲笑我們的性》（編按：改編第四十一屆文藝賞大獎暢銷小說，由新銳導演井口奈己執導），我雖然沒看過，但也想大聲主張：「不要嘲笑我們的飯」。

話雖如此，每次看到炒麵配飯時，還是令人想笑。到底是吃麵配飯，還是吃飯配麵啊？我們的未來就靠碳水化合物了！

辛辣與醇厚交融！
放了鮮奶油的絕品湯汁，
吃完麵後如果還有剩的話，
不妨淋在白飯上吃。

魩仔魚丼

■材料（1人份）

魩仔魚乾……½杯
蘿蔔苗……⅓盒
白飯……1碗
碎海苔片……適量
酢橘……1顆
醬油……1小匙（可依喜好增減）

■作法

❶將魩仔魚乾放入篩子上，用熱水澆過，再瀝乾水分。蘿蔔苗切除根部後，隨意切碎。

❷盛一碗熱騰騰的白飯，將蘿蔔苗、碎海苔片、魩仔魚乾放上去。擠出酢橘汁淋上，再依個人口味淋上醬油即可。

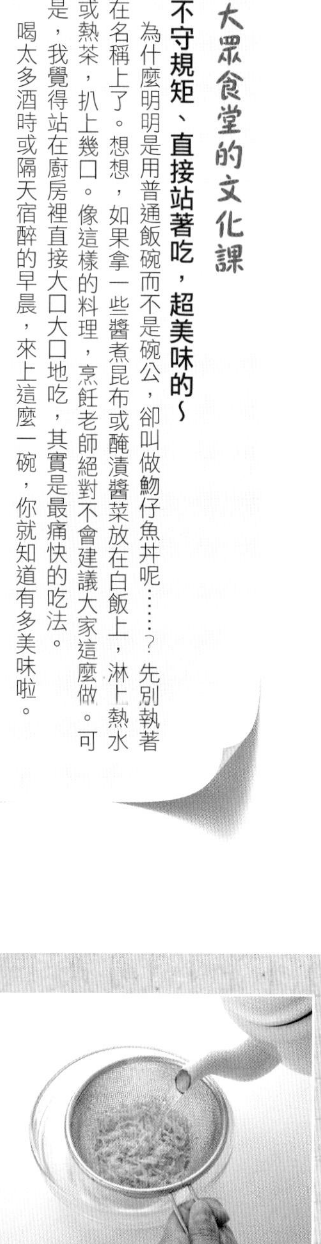

大眾食堂的文化課

不守規矩、直接站著吃，超美味的～

為什麼明明是用普通飯碗而不是碗公，卻叫做魩仔魚丼呢……？先別執著在名稱上了。想想，如果拿一些醬煮昆布或醃漬醬菜放在白飯上，淋上熱水或熱茶，扒上幾口。像這樣的料理，烹飪老師絕對不會建議大家這麼做。可是，我覺得站在廚房裡直接大口大口地吃，其實是最痛快的吃法。

喝太多酒時或隔天宿醉的早晨，來上這麼一碗，你就知道有多美味啦。

大眾食堂高手的美味祕訣

即使是便宜的魩仔魚乾，只要澆過熱水就能恢復蓬鬆柔軟的口感。如此一來，也可去除多餘鹽分，吃起來更順口。

事先用熱水處理過的魩仔魚乾，
吃起來就像水煮魩仔魚一樣柔軟蓬鬆。
最適合搭配現擠的酢橘汁。

小菜・美味常備菜

馬鈴薯沙拉

■材料（2~3人份）

馬鈴薯……大的1顆
小黃瓜……½條
洋蔥……¼顆
火腿……2片
美乃滋……3~4大匙
鹽……¼小匙
胡椒……少許

■作法

1. 所有食材洗淨。小黃瓜切成圓形薄片；洋蔥切成薄片，分別撒上一點鹽（不包含於材料中），變軟後擠乾水分。火腿切成約一公分的四方形備用。
2. 馬鈴薯去皮，切成一口大小，放入鍋中。加入少許鹽（不包含於材料中），和剛好蓋過馬鈴薯的水，約煮十分鐘。
3. 煮好的馬鈴薯篩除水分，趁熱放入大碗中，用叉子大致壓扁。再加入小黃瓜、洋蔥、火腿、美乃滋、鹽與胡椒，用木杓輕輕攪拌混合即可。

大眾食堂的文化課

迷戀副食材

大部分的料理，在烹調階段人概就能想像完成後要怎麼享用了吧。只是，一樣米養百樣人，有人在吃馬鈴薯沙拉時，會先吃掉馬鈴薯之外的副食材。尤其是加入蘋果或葡萄乾時，最常看到有人挑著吃。

比方說醬煮羊栖菜（編按：羊栖菜〔ひじき〕又稱鹿尾菜，為海藻類食材，日式超市均可購得），總是有人會先專心地把蒟蒻末、油豆腐或黃豆先挑出來吃，直到被旁人怒斥：「沒規矩！」才會收手。另外，吃炒飯時也常看到這種情形。

迷戀切成小丁的副食材，也算是一種癖好吧！

大眾食堂高手的美味祕訣

馬鈴薯攪拌過頭會太黏，所以記得不要過度攪拌。先將所有材料放入大碗，輕輕攪拌即可。

水煮過的馬鈴薯只要大致壓碎即可，
保留一點顆粒口感是大眾食堂的傳統作法。
這樣的美味，就算吃再多也不會膩！

豆渣煮的時間愈短、口感愈紮實，
時間愈長，口感愈爽口。
可隨烹煮時間，調節豆渣的水分及口感。

煮豆渣

材料（2～3人份）

- 豆渣……200克
- 雞腿肉……100克
- 香菇……2朵
- 紅蘿蔔……40克
- 豌豆莢……10個
- 長蔥……¼支
- 沙拉油……2大匙
- 高湯……2又½杯
- 醬油……2又½大匙
- 砂糖……不到2大匙
- 鹽……少許

作法

1. 所有食材洗淨。雞肉切成約一公分的雞丁；香菇去蒂、切薄片；紅蘿蔔去皮切絲；豌豆莢去蒂、剝除老絲，以鹽水汆燙成鮮綠色，並斜切成絲；長蔥切碎備用。
2. 以中火加熱鍋子，放入沙拉油、雞肉、香菇、紅蘿蔔、長蔥，炒至蔬菜柔軟為止。
3. 加入豆渣拌炒，下高湯、醬油、砂糖，用木杓不斷攪拌。煮成喜歡的軟硬度後熄火，加入豌豆莢、稍作攪拌即可。

外表雖然樸實，
卻能溫暖我們整個胃。
桌上有這道菜時，總令人安心！

燉油豆腐小魚乾

■材料（2～3人份）

油豆腐（絹豆腐，具柔滑口感）……2塊（300克）
小魚乾……10隻
生薑薄片……4片
昆布（5公分見方）……1片
醬油……2大匙
砂糖……1大匙
水……2杯

■作法

❶油豆腐切成一口大小；用手去除小魚乾的頭部及內臟（魚腹部分）；生薑片切絲；昆布用剪刀剪成約〇·五公分大小備用。

❷將所有材料放入鍋中，以大火煮沸後轉小火，燉煮至湯汁幾乎收乾（鍋底只需留下少些醬汁）即可。

金平牛肉

■材料（2～3人份）

蓮藕……1段（300克）
薄牛肉片（里肌或五花皆可）……150克
香菇……3朵
紅辣椒末……少許
麻油……1又½大匙
醬油……2大匙
砂糖……1大匙
水……2大匙

■作法

❶所有食材洗淨。蓮藕去皮、切成〇・五公分半月形；牛肉切成一口大小；香菇去蒂、切成〇・五公分長條備用。

❷以中火加熱平底鍋，倒入麻油，加入紅辣椒末與蓮藕，炒至蓮藕呈半熟狀。

❸再將香菇與牛肉加入拌炒，牛肉變色後即可倒入醬油、砂糖與水，反覆拌炒收汁即可。

大眾食堂的文化課

哀怨的「副菜」，也該有春天了！

想想以前自己家裡煮的菜，從未區分「主菜」和「副菜」。小家庭的話，無論端上桌的是豆渣也好，或是涼拌當季蔬菜、醬菜，全都用碗公和大碟子裝成一座小山端上來。

老實說，何必要將菜色分為「主菜」與「副菜」呢？只要是自己親手作的菜，就不需區分「主角」、「配角」，全都大碗上桌盡情享用。料理中的最頂級的美味，才是主角中的主角。

大眾食堂高手的美味祕訣

拌炒時，等到醬汁呈濃稠狀態，收乾至鍋底剩下些許醬汁即可熄火。如此一來，牛肉就不會太過乾澀，保持滑嫩的口感。

＊編按：金平，きんぴら，一種料理手法，以砂糖、醬油等調味料為主。

蓮藕的嚼勁搭配大量牛肉——
用醬油、砂糖炒成的金平牛肉。
放在白飯上，搖身一變成為牛丼！

浸煮油豆腐青江菜

■材料（2~3人份）

青江菜……4棵（小棵的則需6棵）
油豆腐皮……2片
高湯……2杯
薄鹽醬油……2大匙
味醂……1小匙

■作法

❶青江菜洗淨、垂直對半切，用菜刀在根部劃出刀口。
❷油豆腐皮從長邊分為四等分，各下一斜刀切為三角形。
❸將高湯、薄鹽醬油、味醂及油豆腐皮放入鍋中，以中火加熱。煮沸後加入青江菜，不時用長筷翻面，約三分鐘至青江菜完全煮熟即可。
❹熄火放涼、靜置入味，便可享用。

大眾食堂的文化課

味覺與人類的曖昧關係

聽到「浸煮」（編按：日本傳統料理手法，煮後浸泡）這個詞時，總是會讓人忍不住流口水。它聽起來就是會令人聯想到醬汁四溢，浸漬入味的美味食物，同時也是一種安定溫和的滋味。

在大眾食堂點浸煮菜時，腦中總是會想像端上桌的會是怎樣的美味。然而，有時吃到的卻只是滿滿醬油與砂糖的重口味。這時，若試著觀察人們的反應，可以藉機了解每個人的性格喔。這麼一想，就不覺得白白浪費了一道菜了。

因青江菜根部較硬，垂直劃出刀口後再煮，可幫助受熱更快、更平均，醬汁也能滲入菜梗中入味。

熄火之後，
暫待片刻。
讓美味慢慢浸入
青江菜與油豆腐之中。

日新月異的大眾食堂

常有人問我，「大眾食堂」和普通小吃店有什麼不一樣？其實是一樣的啦。大眾食堂就是食堂的一種，並沒有特殊的定義。不過，在日本「標準產業分類」中有一項「一般食堂」，指的是「提供主食的場所」，店名多半帶有「食堂」、「餐廳」等字眼。簡單來說，就是可以吃到主食（麵飯類）的地方。

儘管不同店家有不同的菜單，整體來說仍不脫日式、西式和中華料理的範圍。過去，在大眾食堂中也可吃到牛排或拉麵，或是像咖啡廳一樣可以小憩聊天。有很長一段時間，大眾食堂的顧客多為男性勞動者，這也就是為什麼大眾食堂凝聚了各種為藍領階級增添活力的料理。

在不同地區，大眾食堂也會有不同種類的稱呼與經營方式，前往各地旅行時，不妨走進當地的大眾食堂體驗，相信會是旅途中的一大樂趣。除了味覺上的不同，還能接觸到不同地方的方言與平民生活。

將大眾食堂稱為「飯堂」的人應該不少，這種說法歷史悠久，至少始於江戶時代（西元一六〇三至一八六七年）。相對地，近年來較引人注目的是在關東地區，直接在門口豎起寫著「定食」旗幟的食堂。不同於以食物名稱做為店名的「麵店」、「咖哩店」或「定食店」，而是以提供的服務型態（定食）做為名稱。因此，不管賣的是何種食物，都可以稱之為「定食店」，實在是非常有趣的現象。

瀨尾×遠哲專欄

探訪平民美食——

撫慰身心的大眾食堂篇

我和瀨尾小姐是結伴採訪古墳遺跡的旅遊夥伴，曾一起享用過各地大眾食堂的美食。這次再度結伴、採訪東京都內幾家大眾食堂，一探平民美食的力量。限於篇幅，只會以位於東京都北區十條車站前的「天將」為例，藉此窺見大眾食堂的面貌。

天將創業於一九四七年，最早是以在店頭販賣現炸天婦羅起家。看看它的外觀、從大大的櫥窗裡擺放的模型可知（可見下圖），這裡的食物有日式也有西式。牆上掛的菜單以毛筆粗體字書寫，一看就很有「大眾食堂」的風格，店內散發一股昭和三〇年代的氛圍。

歷史悠久的大眾食堂，總給人一種繁華落盡的滄桑感，但是「天將」卻不同。十條銀座商店街，是東京都內屈指可數的長條拱廊式商店街，街上大多數的商店都與當地人生活緊密結合，洋溢著熱鬧的氣氛。

這一帶原本就聚集了許多工匠與小販，有著舊市街的簡樸隨性。食堂的氣氛反映了城鎮的氣氛，可以說，地方上的大眾食堂宛如具有生命的生物。一般大眾食堂裡掌管店面的，總是老闆那性格爽朗的女兒，店內不時有附近居民上門小憩閒聊。

食物模型櫃上的達摩像（左上圖）以及櫃裡的模型，都令人感受到生活的歷史。

在這裡不只可用餐，也可以叫幾盤小菜下酒。就以自己的錢包和身體狀況來決定當天吃什麼。
光是選擇菜色就使人食慾大增，太不妙了，還是把白飯減半、控制熱量吧。

撒上切成細絲魚板的「炒飯」，有著紮實又溫和的味道，一入口彷彿便能舒緩身心的疲憊（上圖）。
在店裡招呼客人的末子小姐妙語如珠，客席上常笑聲不斷（下圖）。

「天將」給人的感覺就是如此。比方說，你在店裡可以看到，獨自坐著輪椅上門的老爺爺，酒足飯飽之後又默默離開；接著走進來的，是一位穿西裝打領帶的中年男性，一邊吃飯、一邊和店裡另一位男性客人聊著競艇（編按：日本四種公營競技之一）的話題。

而店內牆上正掛著戶田競艇場的月曆。原來，從店址只要搭四站電車就是競艇場，不少客人都是剛從那裡回來的。此時，來了一對看似從事特種行業的年輕情侶，兩人吃著午飯，漫無目的地聊天。店內的時間緩慢流逝著。

店內有兩張小桌子，其中一張坐的是六十出頭，正在小酌的中年夫妻。太太點了鮪魚生魚片，直誇：「這裡的鮪魚就是好吃。」負責招呼客人的女侍，向廚房點菜時便跟著喊：「好吃的鮪魚生魚片一盤！」

另一張桌子坐著兩位約五十歲的男客，也正在小酌。其中一人追加了一杯酒，順便點了碗味噌湯。另一人立刻接著說：「我也要。」而桌上已經有一個味噌湯空碗了。女侍又說：「好的，還要好喝的味噌湯兩碗！」逗得客席間掀起陣陣笑聲。真有一套，小姑娘！不、她可不是小姑娘，而是從附近地區嫁過來的第三代店主太太，小孩都早已成年了呢。

店裡正牆上掛著菜單，右邊數來第二道寫著「牛排」七百日圓。看見這道料理出現在菜單上，就可證明這是一間經歷過昭和三〇、四〇年代經濟成長期的大眾食堂。
大眾食堂的牛排醬汁基本上以醬油、砂糖與料理酒調製而成，這就是大眾食堂裡的「西餐」。

大眾食堂裡的廚師，是最懂得慢慢累積細節與改變的高手。臉上總是帶著微笑工作、為了煮出好喝味噌湯而準備的炭爐、祈願用的小巧裝飾品……這些都是構成平民美食的一部分。

店裡也有食物模型展示櫃。瀨尾小姐興奮地說：「你看、你看，這裡的拿波里義大利麵可不是義大利菜，而是道地日式大眾食堂料理。」大眾食堂的招牌菜馬鈴薯沙拉，帶著令人情緒放鬆的淡淡甜味。據說，是在自製美乃滋裡直接增添了一點甜味。

吃了一口撒上魚板的炒飯後，瀨尾小姐發表了感言：「飯粒不會乾乾散散的，炒飯就該這樣呀～～」紮實飯粒的好滋味，與調味料構成絕妙的平衡。

大眾食堂的廚師們總是非常謙遜。他們不使用特殊的食材，調味只用醬油和砂糖，做出來的菜有著樸素的美味。這裡的料理就像以炭火取暖一般，溫暖了食客的脾胃。日常生活中的緊張與尖銳，在這裡都能獲得放鬆與舒緩。

吃下肚的，不只是美味與飽足，還有心靈上的滿足。

與土地及生活習習相關的食物，是非常有深度的。長久以來受到地方上民眾喜愛的平民美食，怎麼可能有難吃的道理？不只如此，「天將」一家人還非常開朗有趣。在店裡不斷的爆笑中，可看出他們每一位都是天生的娛樂高手。

不是一味追求新事物，而是更珍惜生活中自己認為重要的東西，並且保留那些美好與優點。

取材協力　**大眾食堂 天將**

第二代店主野崎勉先生負責廚房內務、照子太太兼任廚房內務與外場待客（兩人今年結婚50週年）。第三代店主昭弘先生（勉先生的兒子），從22年前起進入廚房內場，他的太太末子則負責外場待客。這裡不只東西好吃，更是人情味十足。

地址｜東京都北區上十條2-24-12
電話｜+81-3-3906-6421
營業時間｜10：00～14：30
16：00～20：00（週二公休）

西日本大眾食堂的有趣見聞

儘管近年來有不少大規模連鎖經營的大眾食堂崛起，然而，不同地區的大眾食堂，還是各有特色。而最能反映地區特色的，就是家族經營或小規模經營的大眾食堂。

仔細看看，每間店的招牌、門簾、內外觀都不盡相同。光是比較這些細節，就十分有趣。

說到關西地區（編按：日本本州中西部的一個地理區域，由京都府、大阪府等構成）的飲食特色，最誇張、也最為人所知的就是烏龍麵配飯的吃法。然而事實上，關西大眾食堂的配菜種類，豐富得令人驚訝。

有些店家的菜單上，甚至沒有「定食」。因為，關西盛行的是自由選擇配菜，這種方式受到當地居民根深蒂固的支持與喜好。如此一來，店家之間競爭的重點，自然決定於菜色種類的豐富與否。就拿湯品來說，幾乎沒有店家只賣一種湯。雖然選擇眾多，但決定起來也很頭大呢！

不同的地區會使用在地食材，料理名稱也因地而異，這些都是有趣的觀察重點。不

位於神戶三宮的「皆樣食堂」，以閃亮招牌上的「家庭之延長」字樣而聞名。店裡光是湯的種類就有二十多種。

過，說到最容易突顯地方特徵的，還是在於調味。比方說醬油或味噌等調味料，不同地方的產品味道就不一樣，餐廳使用的也多是當地品牌。

北九州市（編按：位於日本的九州島最北端，隸屬於福岡縣）雖然地屬九州，卻因靠近日本海而擁有冬季嚴寒的氣候特徵。因此，經常能品嚐到有如東北青森日本海側的重口味料理。

最有趣的是，在這裡提到「飯麵主食類」時，什錦麵（譯按：ちゃんぽん，源自長崎的什錦湯麵）是不可或缺的選項。即使沒有賣拉麵，幾乎所有店家都會供應什錦麵。近年來，雖有日本人味覺已逐漸統一的說法，但事實看來，在平民美食這方面還早得很呢。

北九州市戶畑區，位於冬季嚴寒，海風刺骨的港邊，周圍都是工廠與倉庫。食堂外觀看得出歷經風霜，令人情不自禁地發出嘆息。

圖為關西地區常見的經營形式。將配菜一字排開，由顧客自行選擇喜歡的菜色。我這關東來的土包子，猶豫好久都不知該選什麼好。
（攝影・遠藤哲夫）

商店街裡的「便菜店」——是小菜、沙拉，也是便當菜。

商店街便菜——熟悉的家常沙拉、最下飯的燉菜、炸得酥脆的天婦羅、色彩繽紛的散壽司飯……總是裝在大盤子裡或擺在食物展示櫃，教人看到時忍不住吞口水，情不自禁買回家。我曾開心地幻想：「如果自己就是便菜店老闆……」因此，接下來介紹的食譜，就是從這些快樂幻想中誕生的。加上從店裡偷學的訣竅，即使變冷，還是會像剛做好時一樣美味。

滿滿的蔬菜——
歡迎來到家常便菜店！

農家的美味秘方

這是一道充分運用乾蘿蔔絲甜味與嚼勁的料理。不需要花太多時間切，也很容易保存，是適合冰箱中常備的便利菜色。

乾蘿蔔絲與大干貝沙拉

■ **材料**（4人份）

乾蘿蔔絲……25克
蘿蔔苗……1盒
大干貝（水煮罐頭）……140克（固體份量75克）
美乃滋……3大匙
橄欖油……1大匙
醬油……1小匙

■ **作法**

❶ 用充分的水量泡開乾蘿蔔絲，輕輕擠乾水分。蘿蔔苗切掉根部後，再切成兩段。

❷ 將蘿蔔絲和蘿蔔苗放入大碗，加入剝成絲的大干貝，把罐頭裡的湯汁也倒進去。

❸ 加入美乃滋、橄欖油和醬油，攪拌混合即可。

水煮蔬菜蛋沙拉

■材料（4人份）

綠花椰菜……½棵
白花椰菜……½棵
蛋……4顆
美乃滋……4大匙
鹽、胡椒……各少許

■作法

❶綠花椰菜與白花椰菜洗淨、剝成小朵備用。
❷將綠花椰菜放入加了少許鹽（不包含於材料內）的熱水中汆燙，撈起後用冷水冷卻，最後去除多餘水分。白花椰菜則是汆燙後，撈起直接篩除水分、放涼即可。
❸把蛋放入鍋中、加進剛好蓋過食材的水量，用中火加熱。沸騰後、水煮八分鐘，煮成口感偏硬的水煮蛋。浸入冷水冷卻，剝殼後切碎。
❹將步驟❷、❸的食材一同放入大碗，加入美乃滋、鹽、胡椒拌勻即可。

店家的美味秘方

綠花椰菜與白花椰菜水煮過後，都會產生獨特的甜味，和水煮蛋吃起來的口味很「麻吉」。花椰菜可改成高麗菜或油菜花，同樣好吃。

和風番茄沙拉

■材料（4人份）

番茄（小型）……4顆
青紫蘇……10片
長蔥末……3大匙

■沙拉醬

醬油……1大匙
醋……1大匙
麻油……1大匙
砂糖……1小匙

■作法

❶ 番茄洗淨、去蒂，切成一口大小的不規則狀；青紫蘇用手撕碎，一同放入大碗中備用。

❷ 混合沙拉醬材料，淋在番茄與青紫蘇上，稍微攪拌，撒上蔥末即可。

盧家的美味秘方

剛做好時，新鮮清新的口味當然美味。不過，放上一段時間，讓沙拉醬滲入番茄後，更是讓人忍不住一口接一口。

店家的美味祕方

不同品牌的冬粉，吃起來口感有些許差異。不過，多方嘗試也是一種樂趣。涼拌食材中，還可加入紅蘿蔔絲與火腿絲。

冬粉沙拉

■ **材料**（4人份）

乾燥冬粉……50克
蛋……2顆
小黃瓜……1根
焙煎白芝麻……2大匙
鹽……適量
胡椒……少許
沙拉油……少許

■ **沙拉醬**

醋……1又½大匙
麻油……1又½大匙
醬油……1大匙
砂糖……1又½小匙
蒜泥……½瓣量

■ **作法**

1. 用足量的水將冬粉煮軟後，撈起放入冷水中冷卻，再去除多餘水分、切成十公分長度。
2. 將蛋打入大碗中，加入少許鹽與胡椒後攪拌。以中火加熱平底鍋，倒入薄薄一層沙拉油，放入打好的蛋液煎成薄蛋皮。蛋皮取出放涼，切成細絲。
3. 小黃瓜洗淨、斜切成薄片再切絲，撒上三分之一小匙的鹽巴。小黃瓜軟化後，擠乾多餘水分。
4. 混合冬粉、小黃瓜與蛋皮後，加入沙拉醬材料涼拌，最後撒上白芝麻即可。

清煮蜂斗菜與甜不辣

材料（4人份）

蜂斗菜（又稱款冬）……300克
甜不辣……5片（200克）
高湯……2杯
薄鹽醬油……2大匙
味醂……1小匙
鹽……少許

作法

1. 蜂斗菜洗淨、去除葉片，用手剝除厚皮（以菜刀從兩端勾起莖上的皮，就能輕易剝除），切成四公分段。甜不辣也切成四公分長條備用。
2. 將蜂斗菜放入加鹽的熱水中汆燙兩分鐘後，瀝乾水分。
3. 在鍋中放入高湯、薄鹽醬油、味醂、蜂斗菜和甜不辣，以中火煮大約四分鐘。熄火後直接放涼，使其入味即可。

柴魚醬油燉蒟蒻

材料（4人份）

蒟蒻……1大塊（450克）
柴魚片……6克
高湯……2杯
醬油……3大匙
味醂……1大匙

作法

1. 蒟蒻切成一公分厚，在橫切面上垂直劃開約三公分長的切口。拿另一端穿過切口繞一圈，做成麻花蒟蒻。
2. 將蒟蒻用熱水汆燙兩分鐘，煮掉澀味後，即可取出瀝乾。
3. 在鍋中放入蒟蒻、高湯、醬油、味醂，用中火煮到收乾為止。等醬汁幾乎收乾後，撒上柴魚片即可。

店家的美味秘方

這道菜餚外表雖然不起眼，但我拍胸脯保證絕對好吃！蒟蒻扭成麻花狀更容易入味，外觀也好看。

海陸天婦羅三拼

（芹菜雞胸肉．櫻花蝦海帶芽．紅椒）

■**芹菜雞胸肉**（2～3人份）

芹菜……1把

雞胸肉……4條

■**櫻花蝦海帶芽**（2～3人份）

乾燥櫻花蝦……12克

乾燥海帶芽……6克

■**紅椒**（2～3人份）

紅椒……1顆

■**天婦羅麵衣**

1顆蛋黃加水……1杯

麵粉……1杯

鹽……少許

■**其他**

炸油……適量

鹽……適量

■**作法**

❶芹菜洗淨、去除根部，切成小段；雞胸肉去筋切細條。乾燥海帶芽泡水後，瀝乾水分。紅椒洗淨、去蒂除籽，先垂直切成四至六等分後，再打横對半切。

❷混合天婦羅麵衣材料，並快速攪拌。

❸分別將步驟❶的材料及櫻花蝦，各自放入大碗，少量逐步加入麵衣，和食材充分混合。

❹在平底鍋中放入深約三公分的炸油，加熱至一六〇度，放入裹好麵衣的食材，炸至酥脆為止。瀝乾油分，沾鹽食用即可。

店家的美味秘方

以炸天婦羅的方式料理時，經常能意外發現食材的天然美味。只要不將蛋白加入麵衣中，就能成功炸出酥脆的麵衣。

馬鈴薯燉肉

材料（4人份）

馬鈴薯……8顆
紅蘿蔔……½根
洋蔥……1顆
牛肉片……200克
醬油……5大匙
砂糖……3大匙

作法

❶ 所有食材洗淨。馬鈴薯去皮切成四等分；紅蘿蔔去皮、切成一公分厚的半月形；洋蔥切成一公分寬的扇形；牛肉片切成一口大小。

❷ 將步驟❶食材與醬油、砂糖放入鍋中，加入差不多蓋過食材的水量，用大火加熱。煮沸後撈去渣滓，用偏大的中火續煮，不時翻動食材。

❸ 煮到醬汁從鍋底算起約剩三公分高度時，即可熄火，放涼至不燙口便可享用。

店家的美味秘方

烹調時的重點是先用大火煮。一邊以大火熬煮，一邊翻動食材，想像食材正均勻地沾取醬汁。

作家的美味秘方

先用麻油炒香羊栖菜芽、蔬菜及油豆腐，能讓完成後的料理吃起來醇厚有深度，想必連年輕人都會喜歡吃。

燉羊栖菜

材料（2～3人份）

乾燥羊栖菜芽……20克
油豆腐……½片
高湯……1又½杯
醬油……1大匙
紅蘿蔔……30克
蓮藕……50克
味醂……1大匙
麻油……1大匙

作法

1. 將乾燥羊栖菜芽泡在足量的水中還原，再瀝乾多餘水分。紅蘿蔔洗淨、去皮切成短條狀，油豆腐也切成扁平小塊。蓮藕洗淨、去皮切成薄扇形備用。
2. 在鍋中倒入麻油，以中火加熱，依序加入紅蘿蔔、油豆腐、蓮藕並加以拌炒。炒到紅蘿蔔軟化，再加入羊栖菜芽迅速翻炒。
3. 加入高湯、味醂及醬油煮開。並且要不時攪動鍋中材料，一直煮到湯汁幾乎收乾即可。

韓式拌豆芽

■ **材料**（方便製作的份量）

豆芽菜……1包
蒜泥……¼瓣量
雞湯粉（或顆粒）……⅕小匙
鹽……¼小匙
胡椒……少許
麻油……2小匙

■ **作法**

❶ 如果不喜歡豆芽根部的口感，可以事先切除，裝入耐熱碗中，蓋上保鮮膜，以強微波加熱約三分鐘。

❷ 倒掉多餘水分（請小心燙手），加入雞湯粉、鹽與胡椒、麻油、蒜泥，並加以混合攪拌即可。

韓式拌紅蘿蔔

■ **材料**（方便製作的份量）

紅蘿蔔……1條
蒜泥……極少量
鹽……適量
麻油……2小匙
雞湯粉（或顆粒）……⅕小匙
砂糖……1小撮

■ **作法**

❶ 紅蘿蔔洗淨、去皮切絲。放入加有少許鹽的熱水中汆燙後，瀝乾。

❷ 將紅蘿蔔絲、蒜泥、麻油、雞湯粉、砂糖與少許鹽巴放入大碗中，混合攪拌即可。

韓式涼拌菠菜

■ **材料**（方便製作的份量）

菠菜……1把（250克）
蒜泥……¼瓣量
鹽……適量
麻油……2小匙
雞湯粉（或顆粒）……¼小匙
胡椒……少許

■ **作法**

❶ 將菠菜放入加有少許鹽的熱水中汆燙，可保持漂亮的鮮綠色。撈起沖過冷水後，從根部整把束起，擠乾多餘水分。

❷ 切除根部，再切成三公分小段，與蒜泥、四分之一小匙的鹽巴、麻油、雞湯粉及胡椒一起放入大碗中，混合攪拌即可。

店家的美味秘方

這四種料理可當作石鍋拌飯或炒麵的配菜。多做一些放在冰箱，可冷藏2～3天。開發各種不同蔬菜的組合也很有意思。

韓式涼拌蕨菜

■材料（方便製作的份量）

水煮蕨菜……1包（100克）
蒜泥……¼瓣量
麻油……2小匙
醬油……1小匙
胡椒……少許

■作法

1. 瀝乾水煮蕨菜的多餘水分，切成小段。
2. 用中火加熱平底鍋，放入麻油快速拌炒蕨菜。待所有蕨菜均勻沾取油分後熄火，再加入蒜泥、醬油與胡椒，混合攪拌即可享用。

醬煮油豆腐鑲雞肉丸

■材料（4人份）

油豆腐（絹豆腐）……4片（600克）

■雞肉丸

雞絞肉……150克
蛋……1顆
長蔥……約10公分
太白粉……2大匙

■醬汁

醬油……3大匙
砂糖……1又½大匙

■芡汁

太白粉……1小匙
水……2小匙

■作法

❶ 長蔥切末後，將所有雞肉丸的材料放入大碗，徹底攪拌揉捏。

❷ 將油豆腐以十字形切成四等分，在較厚的斷面中央劃開刀口（這時需注意不要將表皮切斷）。盡可能將雞肉丸塞入油豆腐的刀口中。

❸ 將鑲肉油豆腐排入鍋中，倒入醬汁材料與差不多蓋過油豆腐的水，以大火加熱。熬煮收乾直到醬汁約剩兩公分高時，取出油豆腐。

❹ 在鍋中剩下的醬汁裡加入芡汁攪拌，呈濃稠狀後以中火加熱，淋在油豆腐上即可。

番茄醬燉南瓜

■材料（4人份）
南瓜……¼個
洋蔥……½顆
培根……2片
水煮番茄（罐裝）……400克
橄欖油……3大匙
西式高湯塊……1個
鹽……½小匙
胡椒……少許

■作法
❶南瓜去籽與瓜囊，切成四公分方塊；洋蔥切成薄片；培根切成一公分寬條狀備用。
❷在較厚實的鍋中放入橄欖油、洋蔥、培根，以中火拌炒。洋蔥軟化後，即可加入南瓜、水煮番茄、高湯塊、鹽與胡椒續煮。水滾之後，蓋上蓋子再煮約八分鐘。
❸南瓜軟化後即可熄火，靜置使其入味。

美味家常菜藏在——
商店街上的肉販店。

店家的美味秘方

豆渣具有保溼作用，加入漢堡排中，可幫助長時間熬煮而不會乾硬。成品放涼後，口感更不會乾澀。

豆渣漢堡排

■漢堡排（小型8個）

綜合絞肉……200克
洋蔥末……¼顆量
蛋……1顆
豆渣……½杯
牛奶……3大匙
鹽、胡椒……各少許

■醬汁

番茄醬……½杯
中濃醬（譯按：日式醬料的一種，以蔬菜、水果及烏醋釀造而成）……½杯
醬油……2大匙
水……½杯

■其他

沙拉油……適量
配菜用的鹽水煮綠花椰菜……適量

■作法

1. 將漢堡排的材料全部放入大碗中，徹底揉捏混合，分成八等分，壓成圓餅狀。
2. 以中火加熱平底鍋，倒入薄薄一層沙拉油，放入漢堡排煎煮，煎成酥焦褐色後翻面，蓋上蓋子、轉小火蒸煎約三分鐘。
3. 加入醬汁續煮，晃動平底鍋，使漢堡排包裹醬料。待醬汁收乾至黏稠狀，即可。

叉燒豬肉

■材料（方便製作的份量）

整塊豬肩里肌……500克
蒜頭……1瓣
生薑薄片……3片
醬油……½杯
酒……½杯
砂糖……¼杯

■作法

❶以棉繩綁緊豬肉塊、固定形狀。在鍋中放入足量的水，再放入豬肉，以中火加熱，沸騰後撈掉渣滓轉小火，煮約一小時直到豬肉軟嫩。

❷蒜頭垂直切兩半，和生薑、醬油、酒及砂糖一起放入鍋中。熬煮收乾，直到鍋中醬汁剩下約三公分高度。

❸醬汁收乾後熄火，靜置放涼。時而翻面，確保完整入味。

❹完全放涼後，切成方便食用的厚片即可。

廣家的美味秘方

這道料理，除了可當拉麵的叉燒肉片與沙拉外，我最推薦的是夾在麵包裡作成中式三明治的吃法。

蠔油雞翅菜頭

■ 材料（4人份）

雞翅……8隻
白蘿蔔……½根（600克）
蒜頭……1瓣
生薑薄片……6片
醬油……2大匙
蠔油……1大匙
水……3又½杯
搭配用的四季豆（已用鹽水燙熟）……適量

■ 芡汁

太白粉、水……各2小匙

■ 作法

❶ 沿著雞翅骨劃下刀口。白蘿蔔洗淨、去皮，切成偏大的不規則塊狀。蒜頭垂直切成兩半。燙熟的四季豆切小段。

❷ 在鍋中放入所有材料，以大火煮滾。撈掉渣滓後轉中火，熬煮收乾，直到鍋中湯汁剩下約兩公分高度。

❸ 在湯汁中加入芡汁勾芡，拌勻即可。

老家的美味秘方

蘿蔔切成不規則塊狀是為了加快煮熟，而且醬汁的美味也能快速滲入蘿蔔中。雞翅富含膠原蛋白，吃了皮膚感覺就會咕溜～咕溜～。

甜辣雞肝

■材料（4人份）

雞肝……300克
生薑絲……1塊量
醬油……¼杯
味醂……¼杯

■芡汁

太白粉……½小匙
水……1小匙

■作法

❶ 雞肝切成一口大小。

❷ 將雞肝、生薑絲、醬油與味醂一起放入鍋中，以中火加熱，沸騰後以木杓攪拌約三分鐘，直到雞肝全熟。

❸ 加入芡汁，使醬汁產生稠度即可。

店家的美味秘方

美味的訣竅，就在於事前先耐心地將豬腸煮軟。而且，這道菜不論下飯或下酒都非常適合。

味噌豬腸

■材料（4人份）

- 豬大小腸……200克
- 白蘿蔔……⅙根（200克）
- 紅蘿蔔……½根
- 塊狀蒟蒻……½塊（100克）
- 長蔥……1支
- 蒜頭……1瓣
- 味噌……4大匙
- 高湯……3杯
- 生薑薄片……2片

■作法

1. 把水煮開，放入豬大小腸煮到充分軟嫩後，取出並瀝乾水分。
2. 紅白蘿蔔洗淨、去皮；白蘿蔔切成扇形、紅蘿蔔切成半月形。蒟蒻以手撕成約兩公分塊狀，迅速用熱水燙過。長蔥切小段備用。
3. 將高湯、豬大小腸、白蘿蔔、紅蘿蔔、蒟蒻、蒜頭、生薑片一起放入鍋中，以小火煮約十分鐘。
4. 加入長蔥後再快速加熱一次，融入味噌煮約三分鐘即可。

日式滷蛋

■ **材料**（10顆）

叉燒豬肉的醬汁（請參照第93頁*）……適量

水煮蛋……10顆

（*如果剛好沒有叉燒豬肉的醬汁，可取水1又½杯、醬油3大匙、砂糖1大匙、豬碎肉50克、生薑薄片3～4片、蒜頭1瓣（垂直切開），用大火加熱煮開所有材料後，再按照下方步驟使用。）

■ **作法**

❶ 將叉燒豬肉的醬汁放入鍋中，以大火加熱，沸騰後轉中火，放入剝好殼的水煮蛋即可熄火。

❷ 靜置放涼，不時上下翻動水煮蛋、交換位置幫忙入味。

店家的美味祕方

特別介紹一個密技：如果醬汁不夠，可將溫熱的醬汁與水煮蛋一起裝進塑膠袋，綁緊袋口。只用少量醬汁也可完全入味。

火腿通心粉沙拉

■材料（4人份）

火腿……50克
紅蘿蔔……½根
洋蔥……¼顆
通心粉……100克
美乃滋……4大匙
鹽……適量
胡椒……少許

■作法

❶火腿切細條；紅蘿蔔洗淨、去皮切絲；洋蔥洗淨、切成薄片後撒點鹽巴，軟化後擠乾水分備用。
❷將通心粉放入加了少許鹽巴的熱水中煮熟，並比包裝袋上標示的時間多一至兩分鐘，一直煮到通心粉變軟為止。
❸起鍋前兩分鐘加入紅蘿蔔一起煮。最後一起撈起篩除水分，再以冷水降溫，瀝乾水分。
❹在大碗中放入所有食材、美乃滋和少許鹽與胡椒，混合攪拌即可。

店家的美味秘方

通心粉煮得比標示時間久，可幫助調味料更容易入味，放涼之後也不會覺得口感變硬。

糖醋雞肉丸

■**雞肉丸**（4人份）

雞絞肉……200克
木綿豆腐……¼塊
蛋……1顆
長蔥……10公分
太白粉……1大匙
鹽、胡椒……各少許

■**糖醋醬**

醋……¼杯
醬油……¼杯
砂糖……¼杯
水……1杯
太白粉……1大匙

■**其他**

洋蔥……½顆
青椒……2個
紅椒……¼個
沙拉油……3大匙
鹽……少許

■**作法**

❶長蔥切末後，將所有雞肉丸的材料放入大碗，徹底攪拌揉捏。

❷熱水在鍋中煮沸後，加入鹽，用湯匙舀起雞肉丸餡放入熱水中，水煮直到肉丸浮起。

❸所有食材洗淨；洋蔥切成約二・五公分方形；青椒與紅椒去蒂除籽後，也切成二・五公分方形。

❹在平底鍋中倒入沙拉油，以中火加熱，放入蔬菜快炒，再加入步驟❷瀝乾水分的雞肉丸拌炒。將糖醋醬的材料混合後均勻攪拌（以防太白粉沉澱），加入鍋中，以湯杓翻攪，幫助食材均勻裹上糖醋醬即可。

店家的美味秘方

糖醋醬的醋、醬油與砂糖均為同等份量，非常好記，而且可以運用在各種料理上。

魚店裡的海鮮家常菜！

透抽煮小芋頭，完成後的外觀確實教人不敢恭維，但味道保證好吃。不要剝掉透抽的皮，比較好吃喔！
中式醬漬旗魚茄子中的旗魚和茄子，都很適合油漬。趁熱放入醬汁中浸漬，讓味道紮實滲透吧。

透抽煮小芋頭

■ 材料（4人份）

透抽……1隻

小芋頭……1公斤

水……4杯

醬油……4大匙

砂糖……2大匙

柚子皮切絲（也可不放）……適量

■ 作法

1. 透抽連腳帶內臟一起拔除後，身體部分切成兩公分環狀；腳的部分用手刮除吸盤，切成四公分小段。小芋頭洗淨、去皮，切成一口大小備用。
2. 在鍋中放入水與透抽，以大火煮沸，煮開後撈除渣滓。轉小火煮約十五分鐘。
3. 將小芋頭、醬油、砂糖放入鍋中，熬煮收乾到醬汁剩下約三公分（不時翻動食材，使其均勻沾取醬汁）。
4. 熄火靜置，放涼入味。如果有柚子皮的話，切絲撒上即可。

中式醬漬旗魚茄子

■ 材料（4人份）

旗魚……4片

茄子……5條

麵粉……2大匙

鹽、胡椒……各少許

炸油……適量

■ 醬汁

長蔥末……½支量

生薑末……2大匙

蒜末……2小匙

紅辣椒末……少許

醬油……½杯

醋……½杯

水……½杯

砂糖……3大匙

麻油……3大匙

■ 作法

1. 旗魚切成約一口大的長方形，撒上鹽、胡椒與麵粉。茄子洗淨、去蒂，切成不規則塊狀備用。
2. 均勻混合醬汁材料。
3. 將炸油加熱至一七〇度後，放入茄子，讓茄子皮過油燙出光澤即可取出，瀝乾油分、趁熱放入醬汁浸漬。接著炸旗魚，炸出金黃色後取出瀝乾油分，一樣放入醬汁浸漬後即可。

醋漬柔軟竹筴魚

■ 作法

❶ 竹筴魚洗淨、剖成三片（請參照第十頁），剝去魚皮，用鑷子拔掉小刺備用。

❷ 洋蔥洗淨、切成薄片；檸檬切成半月形。

❸ 將竹筴魚放入琺瑯製或玻璃等耐酸器皿內，撒上鹽與胡椒。依序疊上洋蔥、檸檬、月桂葉。加入差不多蓋過食材的醋，放進冰箱冷藏一個晚上即可享用。

■ 材料（方便製作的份量）

竹筴魚……4隻
洋蔥……1顆
檸檬薄片……4片
月桂葉……2、3片
鹽……1小匙
胡椒……適量
醋……適量

店家的美味秘方

像料理鹽漬鯖魚時一樣，在竹筴魚上撒鹽靜置，能使魚肉柔嫩多汁！很適合用來作魚肉沙拉或三明治。

在家的美味秘方

只是看著色澤光亮動人的醬汁，就能促進食慾、令人食指大動。即使使用油脂較少、味道較清淡的鮭魚，吃起來還是很夠味。

照燒鮭魚

材料（4人份）

鮭魚……4塊

醬汁

醬油……¼杯
味醂……¼杯
水……½杯
生薑薄片……2片

芡汁

太白粉……1小匙
水……2小匙

作法

1. 將鮭魚並排放入鍋中，加入醬汁材料後，中火加熱。煮開後轉小火，一邊舀起醬汁淋在鮭魚上，一邊煮約五分鐘。
2. 加入芡汁，在醬汁中攪拌勾芡，此時需注意保持鮭魚形狀。醬汁呈稠狀後，讓醬汁均勻裹住鮭魚塊即可。

鱈魚卵煮白蒟蒻絲

材料（4人份）

鱈魚卵……100克
白蒟蒻絲卷……16個
高湯……2杯
薄鹽醬油……2大匙
搭配用的豌豆莢（已先用鹽水燙熟）……適量

作法

1. 用熱水快速汆燙白蒟蒻絲卷，去除澀味後，瀝乾水分備用。
2. 鱈魚卵切成約一公分厚片。
3. 在鍋中放入白蒟蒻絲卷、鱈魚卵、高湯、薄鹽醬油，以中火加熱。煮開後轉小火，一邊舀起湯汁淋在白蒟蒻絲上，熬煮約八分鐘。熄火直接靜置放涼，使其入味即可享用。

店家的美味秘方
白蒟蒻絲的彈牙口感，與鱈魚卵的顆粒口感形成絕妙搭配！因鱈魚卵本身即有鹽分，使用薄鹽醬油時需斟酌分量。

詹家的美味秘方

其實芹菜葉也很好吃，不需丟棄，可直接入菜。除了花枝之外，也可用蝦仁或旗魚、雞肉代替。

鹽炒芹菜花枝

材料（4人份）

冷凍花枝……200克
芹菜……2支
生薑薄片……4片
紅辣椒末……少許
麵粉……少許
鹽、胡椒……各適量
雞湯粉（或顆粒）……¼小匙
沙拉油……2大匙

芡汁

太白粉……½小匙
水……2大匙

作法

1. 花枝自然解凍後，切成長一公分、寬三公分的長條狀，撒上少許麵粉、鹽與胡椒備用。
2. 芹菜洗淨，將莖斜切成薄片、葉子切碎。生薑片切成細絲。
3. 以中火加熱平底鍋，倒入沙拉油、放入花枝炒熟，再加入生薑絲、紅辣椒末與芹菜，繼續拌炒。
4. 芹菜炒軟後，加入雞湯粉、三分之一小匙的鹽、胡椒少許，稍作攪拌，再加入芡汁勾芡即可。

吃飯這邊請～
老家的美味秘方
鹽味鮭魚散壽司，只是將烤過的鮭魚撥開、放在白飯上，就能完成如此華麗的散壽司。可當作郊遊野餐時的便當，亦可端上餐桌招待訪客。
老家的美味秘方
最常見的便當——雞肉燥散壽司。將蛋鬆與雞肉燥撒在白飯上，宛如花式散壽司。可加上紅薑，使色彩更繽紛。

雞肉燥散壽司

■材料（4人份）

口感偏硬的白飯……3杯米量

■壽司醋*

醋……90毫升

砂糖……3大匙

鹽……⅔小匙

（*怕酸的人，可先將壽司醋煮滾後，放涼再使用。）

■雞肉燥

雞絞肉……200克

醬油……多於2大匙

砂糖……1又½大匙

■蛋鬆

蛋……3顆

砂糖……1大匙

鹽……1小撮

■搭配的蔬菜

綠蘆筍（已用鹽水燙熟）……適量

紅薑絲……適量

奈良漬（一種日式醬菜）……適量

■作法

❶混合壽司醋材料，砂糖與鹽需充分攪拌溶解。

❷在剛煮好的飯中加入壽司醋，用飯杓快速攪拌，放涼至相當於體溫溫度。

❸在鍋中放入雞肉燥材料，均勻混合後，以中火加熱。拌炒至湯汁收乾。

❹製作蛋鬆：取一大碗，打入蛋液、加入砂糖與鹽拌勻。倒入平底鍋，以中火加熱，用長筷攪拌至炒鬆為止。

❺在壽司飯中加入三分之二的肉燥與蛋鬆，混合均勻後，剩下的三分之一鋪在飯上做裝飾。

鹽味鮭魚散壽司

■材料（4人份）

口感偏硬的白飯……3杯米量

鹽味鮭魚……3塊

小黃瓜……2根

焙煎白芝麻……3大匙

醃蘿蔔絲……50克

鹽……½小匙

■壽司醋

醋……90毫升

砂糖……3大匙

鹽……⅔小匙

■作法

❶同上方食譜的方式製作壽司飯，並混入白芝麻。將鮭魚烤至香酥，去皮、去骨，魚肉剝成魚鬆。

❷小黃瓜切薄片，撒上少許鹽軟化，擠乾水分。將三分之二的鮭魚、小黃瓜與醃蘿蔔絲加入壽司飯中拌勻，剩下三分之一食材鋪在飯上做裝飾。

梅味海帶芽御飯糰

■材料（6個）

白飯……2杯米量

酸梅乾……2顆

海帶芽香鬆……2~3大匙

鹽……適量

■作法

❶ 酸梅乾去籽、切碎。

❷ 將溫熱白飯與海帶芽香鬆、酸梅乾混合後分成六等分，捏成飯糰（請參照左下方「飯糰怎麼捏？」）。

店家的美味祕方

牛肉捲飯糰的訣竅：一邊烤飯糰，一邊讓醬汁均勻沾裹在牛肉表面。乍看之下味道似乎很重，但吃起來是恰到好處。

鹽味昆布包葉飯糰

■材料（6個）

白飯……2杯米量

鹽漬昆布……10克

野澤菜（日本芥菜）的葉片……6片

鹽……適量

■作法

❶ 鹽漬昆布切碎，和溫熱白飯混合後分成六等分，捏成飯糰（請參照左方「飯糰怎麼捏？」）。

❷ 攤開野澤菜的葉片，將飯糰緊密包起即可。

飯糰怎麼捏？

用約一小匙的水沾溼雙手手心，再用約三分之一小匙的鹽巴撒在手上，輕拍雙手去除多餘鹽分。捏飯糰時，力道需控制在保持飯粒與飯粒之間留有空氣（注意不要用力揉捏飯糰，以免將飯粒捏扁）。

萑家的美味秘方
鹽味昆布包葉飯糰，在白飯中加入鹽漬昆布增添鹹淡風味。也可將野澤菜的莖部切碎，一起混入飯中。
萑家的美味秘方
梅味海帶芽御飯糰，海帶芽的香氣與酸梅乾的鹹味及酸味，形成絕妙搭配。因為飯本身已有味道，捏飯糰時手心不需抹鹽，可直接用保鮮膜將飯糰包起來。

牛肉捲飯糰

■材料（6個）

白飯……2杯米量
牛腿肉薄片……6片
醬油……3大匙
砂糖……2大匙

■作法

❶ 將白飯分成六等分，捏成圓柱狀。
❷ 攤開牛肉片、包住白飯捲起來，盡可能不要露出白飯。
❸ 以中火加熱平底鍋，放入用牛肉包好的飯糰，一邊用鏟子壓住飯糰，煎烤至熟。
❹ 加入醬油與砂糖，讓飯糰沾裹醬汁。待醬汁呈現稠狀時熄火，繼續沾裹均勻即可。

平民美食小知識

便菜店的過去與現在

在日本，賣配菜的店，被稱為「惣菜店」（此為日文漢字寫法）。可是實際上吃飯時，我們並不會稱桌上的食物為「惣菜」，而是說「配菜」（おかず）。

那麼，配菜到底是什麼呢？「おかず」的漢字可以寫成「御數」，《食的文化》（講談社出版）這本書中，曾提到：「『おかず』這個詞彙，原是宮廷用語。」地位愈高的人，「愈是一味要求要在餐桌上擺出大量菜餚」。惣菜的「菜」，指的就是配菜。「惣」也可以寫成「総」，兩者發音皆同於「添、副」，可猜想是同音假借而來。換句話說，「惣菜」就是「添附於主食旁的副菜」。

此外，有些字典將「惣」解釋為「忙碌」，這點頗耐人尋味。室町時代的京都，曾有名為「煮賣」的行業。從字面上即可清楚看出，具有如今日便菜店「現作現賣」的特性。

江戶時期，便菜的種類逐漸增多，包括醃漬物、醬煮物或熬煮的豆類等。江戶末期開始流行站著吃的現炸天婦羅店。明治時期之後，在工匠或商人愈多的區域，便菜店的生意愈興隆。事實上，直至今日也是如此。

由此可知，對「忙碌的勞動者」而言，「便菜」是解決民生問題的方便食物。

所謂的便菜店，並不是專賣配菜，也有兼賣各種食材的店，以及可選擇在店內食用或外帶的經營模式。除了便菜外，同時提供便當或飯糰的店家也增加了。百貨公司的地下美食街，也出現受歡迎的新興歐式熟食店。近年來，這門產業急速成長，在日本已成立相關公會團體——「日本惣菜協會」。

瀨尾╳遠哲專欄

探訪平民美食2——

我們的廚房之商店街篇

看來就像商店街美食代言人的「大野屋食品店」店主——高木信先生，以及他的母親壽子夫人。

栃木屋便菜店——從店內飄出的油炸香味，就知道賣的東西有多酥脆。長年以來都只賣招牌菜，乾脆不囉唆。這麼厚的炸火腿排才六十日圓，令人食指大動。

這次，我們造訪了瀨尾小姐大力推薦——位於橫濱市南區的橫濱橋通商店街的便菜店。無論哪座城市，哪條商店街，其中一定會有歷史悠久的便菜店吧。

瀨尾：商店街賣的便菜，不知為何就是很吸引人。

遠哲：到底是為什麼呢？大概是因為商店街被視為平民的廚房，販賣的數量和種類都很多的緣故吧。

瀨尾：雖說數量多，卻不同於工廠的大量生產。有的即使冷掉還是很好吃，有的口味較重適合配飯……每一道菜都是花費心思做出來的呢。

遠哲：我最喜歡在商店街散步時，買剛煮好的便菜配啤酒，邊走、邊吃吃喝喝。

瀨尾：又來了，你真的很愛喝酒。對了，北九州小倉的旦過市場（編按：被當地人視為「小倉廚房」）很好玩喔！

遠哲：說到小倉，那裡的黃金市場也很不錯。提到北九州的商店街就不能不提到市場，到處都有，很有意思。在那裡也能吃到剛出爐的北九州特色菜，哎呀，說著說著又想去了。

瀨尾：不同的土地與不同的味覺，都會反映在當地的便菜上，很好玩。東京附近也有不錯的商店街喔。

栃木屋便菜店

以油炸食品為主，創業至今已有80年歷史。目前由第三代當家佐治二郎與夫人富代共同打理。店內的固定菜色——12種天婦羅和12種油炸食品。除此之外，拿波里義大利麵、通心粉、馬鈴薯沙拉及名產「炸蕎麥麵」也很受歡迎。

電話｜+81-45-231-7009

營業時間｜10：00～20：00（週五公休）

大野屋食品店

創業50年。店內販售豆渣、羊栖菜等十幾種招牌商品，店頭的大盤子裡則是使用當令食材做的燉菜類。最受歡迎的是用50年糠床（編按：裝在桶裡的拌鹽米糠）醃漬的糠漬。就算原物料上漲，價格始終不變。通常從下午三點備料，準備營業。

電話｜+81-45-231-4080

營業時間｜7：00～20：00（週日公休）

叉燒肉的後面就是廚房，作叉燒肉的大鍋就在那裡。這裡的叉燒肉，入口帶有一點甜味，愈咀嚼、愈吃得出肉香。是以中華街聞名的橫濱特有的便菜。

限於篇幅，雖然只介紹五間店，但在整條商店街一百三十多間店之中，供應便菜的數量應該是最多的吧。上午十點半，整條街已擠滿了人。哇喔，沒想到這個時間已經這麼熱鬧。放眼望去，大多數的顧客看來都是經營餐飲業的業者。原來，這是一條連餐飲業者都愛光顧的商店街。

瀨尾小姐不時發出：「好便宜」、「好新鮮」的讚嘆聲。嗯，看便菜店員工臉上的表情就知道很好吃，那是一種溫暖又有活力的神情。這麼說來，我家附近的便菜店老闆，臉上也有相同的表情呢。沒想到，光看表情就能保證東西好不好吃了。能遇到這種店，真是令人開心。

便菜店，可說是地方上生活與味覺的傳承者。大野屋食品店的店主和母親帶著「這很好吃喔～」的表情，站在裝滿豆渣或羊栖菜的大盤子前。聽到他們早上七點就要開店時，我驚訝地說：「這麼早啊。」他們接著解釋：「以前一到早上，花街裡的小姐就會到這條商店街，幫過夜的客人或自己買吃的。」原來是這樣啊，我內心靜靜地受到感動。果然，便菜店就是支撐著為了生活而辛苦工作的人。

明治時期，橫濱橋一帶有不少風月場所，隨著時代變遷，花街柳巷消失了，取而代之的是零售商與工匠師傅。近年來，又因公寓建築而增加了外來的新居民。不過，依然保留許多夜間營業的店家，早晨人們剛下班，正是最熱鬧的時候。

瀨尾商店

創業於1951年，已有60年以上的歷史。苦心鑽研開發出獨家製法，慢工細活做出的叉燒肉，吃了會令人上癮。由店主山梨利男先生帶著兒子武先生與家人一起經營的鮮肉店。這裡的滷豬腸，也很受歡迎。

電話｜+81-45-251-2026

營業時間｜9：00～19：00（週四公休）

錢包怎麼一直關不起來啊～～

第一次看到醃漬毛豆。雖然，醃漬醬菜是平民料理中不可或缺的常備菜，但看到「灘屋」販售的種類之多，還是令人大吃一驚。

大部分都是自家手工做的大紅色泡菜。店門口色彩繽紛的泡菜，也讓「福美高麗人參產業」在商店街裡特別引人注意。

好想吃毛豆～

打開國際色彩濃厚，以「充滿活力的舊市街」為訴求的商店街網頁（編按：http://www.yokohamabashi.com/），除了日語，還有韓文與中文。這裡的商店多為家族經營，灘屋的老闆娘還背著襁褓中的奶娃顧店。其實，看起來「好像很好吃」的表情，也是我們一般人在家中會有的表情。店裡賣的便菜不只是商品，也是為家人作的菜。大野屋食品店的店主便說：「希望顧客把我們店當作自己家冰箱一樣。」便菜店果然是平民家庭的廚房。

栃木屋便菜店，炸東西的地方就在食物展示櫃後方，從街上一眼望進去就看得見。使用的是業務用、大的天婦羅炸鍋。鍋裡的油狀況好不好，一覽無遺。正因為看得到炸油是否乾淨，就能放心買下好吃又不膩的美食。不過，受歡迎的原因還不只如此。如果看到上門的顧客是行動不便的老人家，老闆娘儘管再忙，還是會走出店外，一邊幫忙提袋子，一邊護送老人家回到街上。

這樣的人情味，在其他店家也看得到。對人的關心和商品的好壞，絕對是密不可分的。從採購食材到販賣時的貼心，這些都是食譜上不會寫的事，卻能真實反映在每一口的滋味。我想，品嚐時一定也會想起便菜店裡人們的表情吧。

福美高麗人參產業

老闆娘久米田直美小姐，原本是市場裡的泡菜中盤商，因為泡菜廣受歡迎，約於20年前自行開設了店鋪。店裡光是泡菜就有三十多種，還有各色各樣的韓國食材。除了韓僑之外，日本顧客也很多。訂單來自日本國內各地。

電話｜+81-45-261-1571

營業時間｜7：30～19：30（全年只休1月1～3日）

灘屋醬菜店

早在1975年便已創業。由店主小山雅一先生與妻子麻衣夫人一起經營。近年來，消息靈通的醬菜愛好者總會專程前來訂購，可郵購的商品種類因此增加許多。商品以自家手工製作為主，隨時維持在120種類之多。

電話｜+81-45-263-1172

營業時間｜9：00～19：00（全年只休1月1～3日）

橫濱橋通商店街的某日風景

商店街上有好幾間蔬果店，每一間都價廉物美，引人駐足。耳邊聽著前來採購的餐飲業者和老闆活力十足的對話，非常有意思。

不知為何，歷史悠久的商店街常可見到製麵店，橫濱橋通商店街也有。「布施食品」自製水餃皮的手工餃子非常美味。

街上有蠻多家的魚鋪，海鮮種類豐富，加起來不知有多少種類的海鮮呢。每次詢問魚的名稱時，店裡的人們就會像孩子一樣開心地笑開來。

取材協力 橫濱橋通商店街

關東首屈一指，全長350公尺的拱廊型商店街。店鋪數超過130間。大多為販售生鮮食品的店鋪，一整天都非常熱鬧。

交通方式：搭乘橫濱市營地下鐵到「阪東橋」站下車，徒步兩分鐘。或搭乘京濱急行電車到「黃金町」下車，徒步七分鐘。也可搭乘JR電車到「關內」下車，徒步15分鐘。

洽詢｜橫濱橋通商店街協同組合
地址｜神奈川縣橫濱市南區高根町1-4
電話｜+81-45-231-0286

從筆直的拱廊商店街轉入旁邊的巷子，會發現一處安靜的休憩場所。外觀充滿昭和風情的「松本咖啡」，是放鬆休息的好地方。

大人版超省錢的節約美食。

泡麵、魚肉香腸、罐頭、豆芽菜……都是青春時代的「好伴侶」。接下來的食譜，就是用他們做出來的。雖然是省錢節約美食，但吃法可是和以往大不相同。以前吃完還是感到飢腸轆轆、內心空虛；現在卻可以讓你吃得心滿意足、開心愉快。就當被騙一次，試著做做看吧！你一定會為「垃圾食物」的美味，發出會心一笑。

疲倦得不想站在廚房的日子，最適合做這幾道菜。還可以理直氣壯地說：「這是具有撫慰身心效果的平民美食喔！」

拉麵粥

■材料（1人份）

泡麵（市售的味噌口味）……1包
白飯……1碗
細青蔥蔥花……4支量
溫泉蛋……1顆
奶油……1大匙

■作法

❶將泡麵用手掰成三公分塊狀。

❷於鍋中加入包裝袋上指示的水量，煮滾後放入泡麵，沸騰後加入白飯，約煮三分鐘，倒入泡麵裡的調味粉，攪拌融合。

❸放入碗中，撒上蔥花，放上奶油和溫泉蛋。可隨個人喜好撒上七味辣椒粉或胡椒享用。

熱水沸騰後才加入白飯。飯膨脹後吸收湯汁，看起來就像花時間熬出來的粥。

帶來飽足感的「碳水化合物」～～

拉麵╳白飯，在雙倍澱粉上加奶油，
更是錦上添花。

鮭魚湯泡飯

■材料（2人份）

生鮭魚……2塊
白飯……2小碗
鹽……1小匙
青紫蘇切碎、焙煎白芝麻、熱水……各適量

■作法

❶在鮭魚上撒鹽後靜置，直到鹽融化。以中火加熱專用烤盤，魚皮朝下、放入烤盤中，烤約三分鐘。烤到魚皮充分焦酥後，翻面再烤一至兩分鐘。

❷趁熱去皮並拔除魚刺，魚肉剝成魚鬆，魚皮切成約〇・五公分條狀。

❸飯裝在小碗中，撒上青紫蘇、白芝麻、鮭魚皮與鮭魚肉，注入熱水。如果不夠鹹可加入少許的鹽或醬油即可。

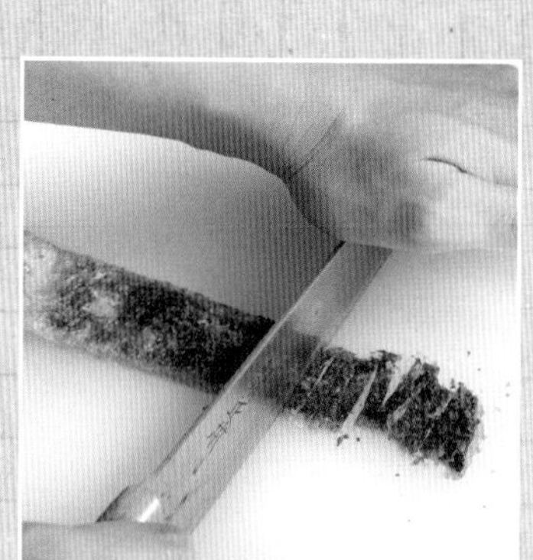

用左手壓住菜刀刀背，就可漂亮地將鮭魚皮剁成細條。

剝開來會壞事的是「假面具」；
烤過更好吃的是「鮭魚皮」。
（編按：作者利用假面具〔化けの皮〕、
鮭魚皮〔さけの皮〕的相似音。）

用少量醬油做祕密調味，
加一點點奶油，更有成熟的味道。

咖哩炒飯

材料（2人份）

白飯……400克
洋蔥……½顆
青椒……2個
培根……4片
沙拉油……適量
咖哩粉……1大匙
醬油……2小匙
鹽、胡椒……各少許
蛋……2顆
切碎的西洋芹
（可有可無）……適量

作法

1. 所有食材洗淨；洋蔥切末；青椒去蒂除籽、切丁；培根切成小碎塊備用。
2. 以中火加熱平底鍋，加入一匙半的沙拉油，放入培根拌炒。培根出油後，放入洋蔥和青椒繼續拌炒，直到蔬菜軟化。
3. 將咖哩粉、醬油加入攪拌，再放入白飯。用木杓反覆拌炒，直到飯粒均勻混合咖哩粉。試試味道，如不夠鹹可加鹽與胡椒調味，完成後裝盤。
4. 以中火加熱平底鍋，倒入一小匙的沙拉油。打蛋，煎成自己喜歡的荷包蛋熟度。
5. 把荷包蛋放在炒飯上，如果有西洋芹就撒上做裝飾。

職人親授大阪燒

■ 麵團（3～4片）

高麗菜……½顆（500克）

柴魚高湯……180毫升

山藥泥……100克

蛋……4顆

麵粉……100克

■ 餡料

豬肉薄片……40克（里肌或五花皆可）

蝦仁……50克

■ 其他

沙拉油……少許

海苔粉、柴魚片、美乃滋、大阪燒醬……各適量

■ 作法

1. 製作麵團：將高麗菜切成約一公分方形，和其他材料放入大碗中混合攪拌。如果有時間，可靜置一小時使材料融合。
2. 將豬肉切成易於食用的大小；以竹籤剔除蝦仁沙腸。
3. 以中火加熱平底鍋，倒入沙拉油，及三分之一至四分之一量的麵團，形成直徑約十六至十八公分的麵皮。再取三分之一至四分之一量的餡料，排在麵皮表面，用中火煎三分鐘後翻面。不要用鏟子按壓麵皮，另一面花四至五分鐘慢煎。剩下的材料，用一樣步驟油煎。
4. 裝盤，撒上海苔粉、柴魚片，擠上美乃滋和大阪燒醬即可。

紫蘇香鬆炒豆芽

■材料（2人份）

豆芽菜……1包
豬碎肉……50克
紫蘇梅香鬆……2又½小匙～1大匙
沙拉油……2小匙

■作法

❶ 如果不喜歡豆芽菜根部，可先切除。
❷ 以中火加熱平底鍋，倒入沙拉油翻炒豬肉。豬肉炒得略為焦酥後，再放入豆芽菜，慢慢炒到豆芽菜變軟，多餘水分蒸發為止（用大火可使平底鍋中水分蒸發）。
❸ 撒上紫蘇梅香鬆，迅速攪拌混合即可。

把豆芽菜確實炒軟，並且等到水分蒸發完，再加入紫蘇梅香鬆，才能保持口感爽脆。

變不出花樣時，來點「炒」、「炸」吧！

大家都愛紫蘇梅香鬆，
撒在配菜上最下飯～♪

紅薑與魚肉香腸的天婦羅

■材料（2人份）

魚肉香腸……1根
紅薑絲……25克
炸粉（天婦羅粉，市售品）……3大匙
水……2大匙
炸油……適量

■作法

❶將魚肉香腸垂直切成兩半，再斜切成薄片。
❷在大碗中放入魚肉香腸與紅薑絲，加入炸粉與水，用大湯匙攪拌。
❸炸油加熱至一六〇度，用大湯匙舀起一匙麵衣餡，放入鍋中炸至酥脆。可隨喜好撒上鹽、胡椒或沾醬食用。

利用長筷，輕輕地將湯匙上的麵衣餡撥入炸油中，就可炸出漂亮的形狀。

便宜到雖然覺得有點可憐，
卻能讓人愛不釋「口」！
難怪在省錢配菜界，
永遠保留它的「榮譽之位」。

鬆鬆軟軟、熱呼呼的馬鈴薯，
絕對可以配上三碗飯、三杯啤酒！

炸薯球

材料（2人份）

馬鈴薯……2個

麵包粉……適量

炸油……適量

麵衣

蛋1顆加適量的水……⅔杯

麵粉……⅔杯

鹽……1小撮

作法

❶ 馬鈴薯洗淨、去皮切成一口大小，放入鍋中。再加入差不多蓋過馬鈴薯的水和少許鹽（不包含於材料中），水煮約十分鐘。

❷ 製作麵衣：將蛋打入量杯、再加水直到量杯的三分之二後，加入麵粉與鹽混合均勻。

❸ 將步驟❶的馬鈴薯沾裹麵衣後，沾上麵包粉。

❹ 把鍋中炸油加熱至一七〇度，放入馬鈴薯，炸成金黃色。瀝乾油分裝盤，隨個人喜好淋醬、沾鹽或美乃滋食用即可。

其實就是蔬菜炒肉，
故意稱為「沒有麵的炒麵」（焼きそばの抜き），
只是想學蕎麥麵店天婦羅麵裡拿掉麵條，
只剩天婦羅和湯（天抜き）的稱呼……。

沒有麵的炒麵

材料（2人份）

洋蔥……¼顆
高麗菜……¼顆
青椒……2個
豆芽菜……½包
豬碎肉……100克
沙拉油……1大匙
鹽、胡椒……各少許
炒麵醬……2大匙

作法

1. 所有食材洗淨。洋蔥切成一公分厚；高麗菜切成三至四公分、方形。青椒去蒂除籽，切成略大於一口的大小。若不喜歡吃豆芽菜根部，可先切除。豬肉如果太大塊，可先切成一口大小。
2. 以中火加熱平底鍋，倒入沙拉油，放入豬肉炒至略微焦酥，撒一點鹽與胡椒調味。
3. 加入洋蔥、高麗菜、青椒與豆芽菜，炒約五分鐘，將蔬菜水分炒乾為止。加入炒麵醬，用大火快炒至湯汁收乾即可。

變不出花樣時，
來點「炒」、「炸」吧！

只要有「罐頭」，萬事OK！
沒學會這道菜，是人生的損失。
尤其是嚐過罐頭花枝的醇味滲入米飯時。

罐頭花枝炊飯

■ 材料（2～3人份）

米……2杯
水……430毫升
花枝罐頭……1罐（155克）
薑絲……10克
醬油……1大匙

■ 作法

❶ 洗完米後，放入有蓋子的鍋中加水，靜置三十分鐘。
❷ 將罐頭花枝切成〇・五公分寬，放入鍋中。
❸ 再把薑絲、醬油、罐頭醬汁一同加入，蓋上蓋子，用大火煮開。沸騰之後轉小火，炊煮十分鐘。鍋子上下振動發出喀啦聲時，即可熄火、燜十五分鐘即可。

＊使用電子鍋時，將所有材料一併放入鍋中，按照一般炊飯步驟即可。
＊若想煮出偏硬口感，將材料中的水減少兩大匙即可。

將罐頭裡甜甜鹹鹹的醬汁入菜，
會讓你連最後一滴湯汁，
都會想淋在飯上吃光光。

罐頭沙丁魚炒菇類

■材料（2人份）

沙丁魚罐頭……1罐（100克）
金針菇……100克
鴻喜菇……100克
秀珍菇……50克
紅辣椒末……1根量
細青蔥蔥花……3支量
沙拉油……1大匙
醬油……2小匙
美乃滋……1大匙

■作法

❶將罐頭裡的沙丁魚肉剝鬆；菇類洗淨、切掉根蒂備用。
❷用中火加熱平底鍋、倒入沙拉油，放入菇類與辣椒末拌炒，直到菇類變軟。
❸轉大火，倒入醬油、沙丁魚、罐頭醬汁拌炒，完全入味後熄火，加入美乃滋快速攪拌後裝盤，撒上蔥花即可。

若買不到節瓜，
只有豆腐和雞蛋也可以。
大人的省錢料理
就是必須懂得變通！

罐頭火腿與豆腐炒蛋

材料 （2人份）

木綿豆腐……1塊
罐頭火腿（又稱午餐肉）……½罐（約150克）
節瓜……½條
蛋……1顆
沙拉油……2大匙
醬油……1小匙
鹽……½小匙
胡椒……少許
柴魚片、紅薑絲……各適量

作法

❶用廚房紙巾包起木綿豆腐，靜置十五分鐘，去除多餘水分。將罐頭火腿和節瓜分別切成約一公分寬的長條。在大碗中打蛋備用。

❷用火力偏強的中火加熱平底鍋，倒入沙拉油，放入豆腐油煎。

❸在平底鍋裡的空位，放入節瓜和火腿煎煮。待豆腐煎出金黃色、翻面，兩面都呈金黃色後，用木鏟切成一口大小，再把鍋中食材拌炒在一起。

❹加入蛋液，繼續快速翻炒，以醬油、鹽與胡椒調味。裝盤，撒上柴魚片、紅薑絲即可。

鯖魚的淡淡甜味，
加上泡菜的辛辣、蔥的香氣，
三者齊聚一堂，成為最適合下酒的一道菜。

罐頭鯖魚炒青蔥

材料（2人份）

水煮鯖魚罐頭……1罐（200克）
長蔥……2支
白菜泡菜……50克
麻油……1大匙
醬油……1大匙

作法

❶ 瀝乾鯖魚罐頭的水分，將魚肉剝鬆。
❷ 長蔥洗淨、斜切成薄片；泡菜切細。
❸ 以中火加熱平底鍋、倒入麻油，放入長蔥翻炒。炒軟之後加入白菜繼續炒，倒入醬油調味，最後再加入鯖魚快速攪拌即可享用。

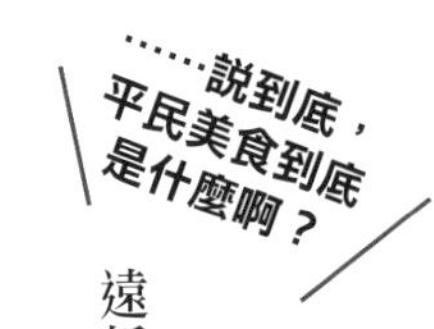

遠哲：食譜書的作者，撰寫「省錢料理」還滿少見的吧。不過，這種「窮人料理」說不定正是平民美食的基礎。

瀨尾：很多人年輕時，一定都吃過或做過類似的料理。我剛開始一個人搬出來住時，手頭也是非常緊，還曾拔下路邊野草炸成天婦羅果腹呢。因為那時家裡只剩油和麵粉了。

遠哲：拔附近的野草吃，聽起來還蠻有意思的啊。

瀨尾：可不是便宜就好喔。比方說，超市裡不是有賣便宜的袋裝「豆芽菜泡菜」嗎？光是買了那個倒在盤子上，這並不算是料理，一點意思都沒有。總要想想是否可以再用油炒過，或是想其他辦法加工。這個啊，就是文化！

瀨尾×遠哲對談

從窮人美食，談到「平民美食」

遠哲：說得有道理。和食材便宜或高級無關，而是看自己是否有花心思在料理上，對吧。

瀨尾：這種文化是很重要的。正是因為這樣，料理才會使人期待、覺得有意思。一開始挑戰簡單的就行，不用想得太複雜、太麻煩，那樣反而容易失敗。簡單思考，輕鬆動手。

遠哲：也就是說，思考怎麼做才能將隨手可得的食材，吃得更美味囉！

瀨尾：看到食材時，心想「怎麼樣才能吃得更美味？」生活不也因此變得更有趣了嗎？吃了這樣的美食，就會有精神、有元氣，成為明天努力的力量。大眾食堂的飯菜，或是商店街賣的便菜熟食，也就是從這樣的生活中誕生的吧。所以大家才會這麼喜歡。

遠哲：不管怎麼說，平民美食就是活力來源。

瀨尾：真想探訪更多大眾食堂和商店街便菜店呢。平民美食就是讚！好啦，換你講一句漂亮話，做個總結吧。

遠哲：別裝模作樣，用力吃飯就對了！

來來來，
請喝請喝。
平民美食，
真是有意思。

C'est bon 02

日本大眾食堂讓人無法忘懷的招牌料理
深夜食堂裡的美味就從這裡來！

原著書名—みんなの大衆めし
原出版社—小學館
譯　　者—邱香凝
作　　者—料理・瀨尾幸子　文字・遠藤哲夫
企劃選書—何宜珍
責任編輯—呂美雲

版　　權—黃淑敏、翁靜如、吳亭儀
行銷業務—林彥伶、張倚禎
總 編 輯—何宜珍
總 經 理—彭之琬
發 行 人—何飛鵬
法律顧問—台英國際商務法律事務所　羅明通律師
出　　版—商周出版
臺北市中山區民生東路二段141號9樓
電話：(02) 2500-7008　傳真：(02) 2500-7759
E-mail：bwp.service@cite.com.tw
發　　行—英屬蓋曼群島商家庭傳媒股份有限公司城邦分公司
臺北市中山區民生東路二段141號2樓
讀者服務專線：0800-020-299　24小時傳真服務：(02)2517-0999
讀者服務信箱E-mail：cs@cite.com.tw
劃撥帳號—19833503　戶名：英屬蓋曼群島商家庭傳媒股份有限公司城邦分公司
訂購服務—書虫股份有限公司　客服專線：(02)2500-7718；2500-7719
服務時間—週一至週五上午09:30-12:00；下午13:30-17:00
24小時傳真專線：(02)2500-1990；2500-1991
劃撥帳號：19863813　戶名：書虫股份有限公司
E-mail：service@readingclub.com.tw
香港發行所—城邦（香港）出版集團有限公司
香港灣仔駱克道193號超商業中心1樓
電話：(852) 2508-6231　傳真：(852) 2578-9337
馬新發行所—城邦（馬新）出版集團
Cité (M) Sdn. Bhd. 41, Jalan Radin Anum,
Bandar Baru Sri Petaling, 57000 Kuala Lumpur, Malaysia.
電話：(603)9057-8822　傳真：(603)9057-6622
商周出版部落格—http://bwp25007008.pixnet.net/blog
行政院新聞局北市業字第913號

美術設計—果實文化
印　　刷—卡樂彩色製版印刷有限公司
總 經 銷—高見文化行銷股份有限公司
電話：(02)2668-9005　傳真：(02)2668-9790

2015年（民104）01月06日初版 Printed in Taiwan
2016年（民105）05月27日初版4刷
定價280元　版權所有・翻印必究
ISBN 978-986-272-712-6

國家圖書館出版品預行編目資料

日本大眾食堂讓人無法忘懷的招牌料理／遠藤哲夫文字；瀨尾幸子料理；邱香凝譯.
——初版.——臺北市：商周出版：家庭傳媒城邦分公司發行，民104.01 144面；14.8×21公分
譯自：みんなの大衆めし
ISBN 978-986-272-712-6(平裝) 1.食譜 2.日本
427.131　　　103023685

Staff Credit

Design／津村正二
（Tsumura grafik）
攝影／鵜澤昭彥、齋藤圭吾（P.8、P.62～69、P.114～122、P.140～142）
Styling／森下久子
Styling助手／渡邊彩子
料理助手／石川葉子
取材・構成・編輯協力／佐佐木香織

（本書介紹的店家資料及照片，為2009～2010年間的採訪紀錄，現今恐有變更，敬請見諒。）

廣　告　回　函
北區郵政管理登記證
北臺字第000791號
郵資已付，免貼郵票

104　台北市民生東路二段141號2樓

英屬蓋曼群島商家庭傳媒股份有限公司城邦分公司　收

請沿虛線對摺，謝謝！

書號：BF7102　書名：日本大衆食堂讓人無法忘懷的招牌料理　編碼：

請於此處用膠水黏貼

讀者回函卡

謝謝您購買我們出版的書籍！請費心填寫此回函卡，我們將不定期寄上城邦集團最新的出版訊息。

姓名：________________

性別：□男　□女

生日：西元________年________月________日

地址：________________

聯絡電話：________________　傳真：________________

E-mail：________________

職業：□1.學生 □2.軍公教 □3.服務 □4.金融 □5.製造 □6.資訊 □7.傳播 □8.自由業 □9.農漁牧 □10.家管 □11.退休 □12.其他________

您從何種方式得知本書消息?

□1.書店□2.網路□3.報紙□4.雜誌□5.廣播 □6.電視 □7.親友推薦 □8.其他________

您通常以何種方式購書?

□1.書店□2.網路□3.傳真訂購□4.郵局劃撥 □5.其他________

您喜歡閱讀哪些類別的書籍?

□1.財經商業□2.自然科學 □3.歷史□4.法律□5.文學□6.休閒旅遊 □7.小說□8.人物傳記□9.生活、勵志□10.其他________

對我們的建議：________________

____

____

____

請於此處用膠水黏貼